JN301980

よくわかる
機械数学

江口弘文 著

m/s^2

kg

kgm^2

rad

$\dfrac{d^2y}{dt^2}$

$y''(t)$

N

TDU 東京電機大学出版局

はじめに

　理工学部に入学してくる学生の数学的な素養不足が心配され始めて久しくなりました．しかし，なかなか有効な対策が打てていないというのが，多くの大学の現状ではないでしょうか．微分・積分に限らず，そこに到るまでの1次関数，2次関数，指数関数，対数関数，三角関数などの基本的な関数計算からもう一度鍛え直す必要のある学生も少なくないようです．

　そこで，本書の第1の特徴は「例題・解答」方式にあります．説明事項は努めて簡単に要約し，例題を提示してすべての例題に完全な解答を付けています．その際，読者として，簡単な文字式の計算ができることを仮定しています．解答に従って計算を進めることで，「独習できて，かつ具体的に計算力が身に付く」ことを主眼に置いています．

　第2の特徴は微分方程式にあります．従来，理工学部の教養で教える微分方程式は，さまざまの形の1階微分方程式の解法に力点が置かれていました．本書では同次形，ベルヌーイ形，クレロー形，完全微分形，積分因子などの説明はすべて割愛し，1階微分方程式については変数分離形と線形時変数系（従来の線形），高階微分方程式については線形定数系の場合の演算子法の説明だけにとどめました．そして新たに，Excel VBA による数値解法を示しています．パソコンの性能が飛躍的に向上した今日，特殊な形の微分方程式の解析的解法を憶えるよりも，Runge-Kutta 法を用いた数値解析法を身につける方がよほど学生の力になるのではないでしょうか．Excel VBA はパソコンで Office を使っている読者なら誰でも自由に使えます．簡単なプログラムですから本書に示した例題をそのまま使ってみて下さい．

　第3の特徴として，付録に，主に力学における次元解析を示しています．理工学で大事なことは何と言っても「単位」です．そのすべての単位は文字式の計算の要領で誘導できるのです．単位を確認することによって誤りを未然に防止することができるし，また単位に精通すれば格段に理解が深まり自信がつくものなのです．

　本書は数学的な厳密性よりも工学上の実用という観点からまとめています．著者自身，現役時代を研究・教育の世界に携わって過ごしてきましたが，これまでの体験上，本書に要約した程度の数学力があれば社会に出て数学で困ることはないと言ってもよいと思います．本書が，理工学部に進学して数学でつまずいている学生の一助になることを願ってやみません．

平成25年1月吉日　　　　　　　　　　　　　　　　　　　　　　　　　　　著者

本書で使用した Excel VBA プログラムはホームページからダウンロードできます。
東京電機大学出版局ホームページ　　http://www.tdupress.jp/

［メインメニュー］→［ダウンロード］→［よくわかる機械数学］

目 次

はじめに …………………………………………………………………………… i

第1章 基礎数学

- **1-1** 数の体系 ………………………………………………………………… 1
- **1-2** 式の計算 ………………………………………………………………… 3
- **1-3** 複素数 …………………………………………………………………… 9
- **1-4** 1次関数・2次関数 …………………………………………………… 15
- **1-5** 指数関数 ………………………………………………………………… 20
- **1-6** 対数関数 ………………………………………………………………… 23
- **1-7** 三角関数 ………………………………………………………………… 27
- **1-8** 三角関数のグラフ ……………………………………………………… 30
- **1-9** 三角関数の公式 ………………………………………………………… 32

第2章 微分・積分

- **2-1** 極限 ……………………………………………………………………… 41
- **2-2** 微分 ……………………………………………………………………… 48
- **2-3** 微分の公式 ……………………………………………………………… 52
- **2-4** 微分に関する諸定理 …………………………………………………… 57
- **2-5** 積分 ……………………………………………………………………… 61
- **2-6** 積分の幾何学的な意味 ………………………………………………… 62
- **2-7** 微分と積分の関係 ……………………………………………………… 64
- **2-8** 積分の方法 ……………………………………………………………… 66
- **2-9** 多重積分 ………………………………………………………………… 73
- **2-10** 多重積分の応用（1）重心位置 ……………………………………… 77
- **2-11** 多重積分の応用（2）慣性モーメント ……………………………… 84

第3章 微分方程式

- **3-1** 微分方程式 …………………………………… 91
- **3-2** 微分方程式が重要になる理由 ………………… 93
- **3-3** 微分方程式の分類 ……………………………… 94
- **3-4** 1階微分方程式の初等解法—変数分離形 …… 96
- **3-5** 線形定数系の解法 ……………………………… 99
- **3-6** 線形時変数系の解法 …………………………… 105
- **3-7** さまざまな物理現象の微分方程式 …………… 110
- **3-8** 微分方程式の数値解法 ………………………… 124

第4章 線形代数

- **4-1** 行列とベクトル ………………………………… 141
- **4-2** 行列式 …………………………………………… 146
- **4-3** 逆行列 …………………………………………… 149
- **4-4** ベクトルの1次独立と行列の位 ……………… 152
- **4-5** 固有値と固有ベクトル ………………………… 153
- **4-6** 行列の対角化 …………………………………… 157

付録1　単位系 ……………………………………………… 161
付録2　Excel VBA の使用法 ……………………………… 176
参考文献 …………………………………………………… 179
索引 ………………………………………………………… 190

第1章 基礎数学

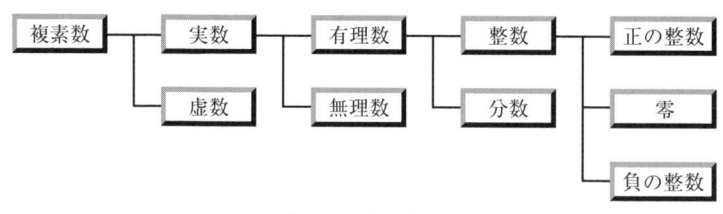

❶-❶ 数の体系

```
複素数 ─┬─ 実数 ─┬─ 有理数 ─┬─ 整数 ─┬─ 正の整数
        │        │          │        ├─ 零
        │        │          │        └─ 負の整数
        │        │          └─ 分数
        │        └─ 無理数
        └─ 虚数
```

図 1.1　数の体系

　最初に数の体系を示します。一般に，理工学で対象とする数は複素数までです。

　小学校以来，算数や数学では学年が上がるごとに取り扱う数の範囲が広がっていきます。正の整数は 1, 2, 3, … という数で自然数と呼ばれます。自然数に加えて 0 という新しい数字が発見され，さらに -1, -2, -3, … という負の整数が出てきます。正の整数，零，負の整数をまとめて整数と呼びます。この整数に対して分数が出てきます。$\frac{1}{2}$, $\frac{1}{3}$, … のような数字です。もちろん，分数にも正負があります。

　整数，分数をまとめて有理数と呼びます。有理数とは整数同士の比 $\frac{a}{b}$ で表現できる数という意味です。$\frac{a}{b}$ の形の分数は整数か有限小数か循環小数になります。これらが有理数なのです。また，小数には無限小数と呼ばれるものがありま

す。たとえば，

$$\sqrt{2} = 1.414213562\cdots$$
$$\sqrt{3} = 1.732050807\cdots$$
$$\pi = 3.141592653\cdots$$
$$e = 2.718281828\cdots$$

のような数です。無限少数は同じ数字のパターンを繰り返すことなく無限に続きます。これらの無限小数をまとめて無理数と呼びます。無理数は後述する「2次方程式の解の公式」のところで出てきます。なお，π は円周率，e は自然対数の底（ネイピア数）という固有の名前がつけられています。

　2次方程式の解の公式では根号の中が負になる場合が発生します。$\sqrt{-2}$, $\sqrt{-3}$, … のような場合です。これは2乗したら -2 や -3 になる数という意味で，実数ではこのようなことはありません。ですから，これらの数を虚数と呼び $\sqrt{2}i$, $\sqrt{3}i$ のように表現します。$i\sqrt{2}$, $i\sqrt{3}$ とも書きます。i は虚数単位と呼ばれ，

$$i^2 = -1 \tag{1.1}$$

という定義です。

　複素数は実数成分と虚数成分の両方を有した数のことです。

$$z = a + bi \tag{1.2}$$

のように表現します。ここで a, b は実数です。複素数を表す記号としては一般的に z が用いられますが，これは決まり事ではありません。たとえば，x を変数とする2次方程式の解が複素数になることもありますから，

$$x = 2 \pm \sqrt{3}i \tag{1.3}$$

というような表現も出てきます。

　数学では虚数単位を i で表しますが，制御工学や電気工学では回路に流れる電流を一般に i で表しますから，虚数単位には慣用的に j が用いられています。また複素数の表現も，

$$z = a + jb \tag{1.4}$$

と表現することが多いでしょう。虚数単位を先に書きます。これも決まりはありませんが，以下は虚数部であるということを明確にするために虚数単位を最初に書くことが多いのです。

❶-❷ 式の計算

❶ 基本公式

以下の基本公式は完全に記憶しておく必要があります。

$$(a+b)^2 = a^2 + 2ab + b^2 \tag{1.5}$$

$$(a-b)^2 = a^2 - 2ab + b^2 \tag{1.6}$$

$$(a+b)(a-b) = a^2 - b^2 \tag{1.7}$$

$$(a+b)^3 = a^3 + 3a^2b + 3ab^2 + b^3 \tag{1.8}$$

$$(a-b)^3 = a^3 - 3a^2b + 3ab^2 - b^3 \tag{1.9}$$

$$(a+b)(a^2 - ab + b^2) = a^3 + b^3 \tag{1.10}$$

$$(a-b)(a^2 + ab + b^2) = a^3 - b^3 \tag{1.11}$$

$$(a+b+c)^2 = a^2 + b^2 + c^2 + 2ab + 2bc + 2ca \tag{1.12}$$

$$(x+a)(x+b) = x^2 + (a+b)x + ab \tag{1.13}$$

$$(ax+b)(cx+d) = acx^2 + (ad+bc)x + bd \tag{1.14}$$

上記のように左辺の形から右辺の形を導くことを式の展開といいます。また，右辺の形から左辺の形に変形することを因数分解といいます。

例題 1.1

$(x+1)(x+2)(x+3)(x+4)$ を展開せよ。

解答 第1項と第4項，第2項と第3項を組み合わせて基本公式(1.13)を使うと，

$$(x+1)(x+2)(x+3)(x+4) = \{(x+1)(x+4)\}\{(x+2)(x+3)\}$$
$$= (x^2 + 5x + 4)(x^2 + 5x + 6)$$

です。ここで $x^2 + 5x = A$ と考えて再び(1.13)式を使えば，

$$(x^2 + 5x + 4)(x^2 + 5x + 6) = (A+4)(A+6) = A^2 + 10A + 24$$

です。A をもとに戻し(1.5)式を使って展開すれば，

$$(x^2 + 5x + 4)(x^2 + 5x + 6) = (x^2 + 5x)^2 + 10(x^2 + 5x) + 24$$
$$= x^4 + 10x^3 + 35x^2 + 50x + 24$$

例題 1.2

$(a+b)c^3 - (a^2+ab+b^2)c^2 + a^2b^2$ を因数分解せよ。

解答　問題式は a, b については 2 次式，c については 3 次式になっています。因数分解するときの基本姿勢はいちばん次数の低い文字について整理することです。ここでは a と b は同じ 2 次ですから，たとえば a について整理すると，

$$(a+b)c^3 - (a^2+ab+b^2)c^2 + a^2b^2$$
$$= (b^2-c^2)a^2 - (bc^2-c^3)a - b^2c^2 + bc^3$$

です。a について次数の順にまとめることを a について整理するといいます。ここで a の係数の形を整えて共通の項を探します。

a^2 の係数：(1.7) 式を使って，$(b^2-c^2) = (b+c)(b-c)$

a^1 の係数：c^2 でくくって，$-(bc^2-c^3) = -c^2(b-c)$

a^0 の係数：bc^2 でくくって，$-b^2c^2+bc^3 = -bc^2(b-c)$

なお，a^0 とは a を含まない項という意味です。ここですべての項に共通な $(b-c)$ をくくり出せば，

$$(b^2-c^2)a^2 - (bc^2-c^3)a - b^2c^2 + bc^3$$
$$= (b+c)(b-c)a^2 - c^2(b-c)a - bc^2(b-c)$$
$$= (b-c)\{(b+c)a^2 - c^2a - bc^2\}$$

です。

次に { } の中をさらに因数分解します。今度は a と c については 2 次，b については 1 次ですから { } 内を b について整理すれば，

$$\{(b+c)a^2 - c^2a - bc^2\} = \{(a^2-c^2)b + ca^2 - c^2a\}$$

です。先程と同じように b の係数の形を整えて，

b^1 の係数：(1.7) 式を使って，$(a^2-c^2) = (a+c)(a-c)$

b^0 の係数：ca でくくって，$ca^2 - c^2a = ca(a-c)$

ここで $(a-c)$ をくくり出して，

$$\{(a^2-c^2)b + ca^2 - c^2a\} = \{(a-c)(a+c)b + ca(a-c)\}$$
$$= (a-c)\{(a+c)b + ca\} = (a-c)(ab+bc+ca)$$

です。以上の計算を連続して書けば，与えられた式の因数分解は，

$$(a+b)c^3-(a^2+ab+b^2)c^2+a^2b^2$$
$$=(b^2-c^2)a^2-(bc^2-c^3)a-b^2c^2+bc^3$$
$$=(b+c)(b-c)a^2-c^2(b-c)a-bc^2(b-c)$$
$$=(b-c)\{(b+c)a^2-c^2a-bc^2\}$$
$$=(b-c)\{(a^2-c^2)b+ca(a-c)\}$$
$$=(b-c)(a-c)(ab+bc+ca)$$

となります。

因数分解のもっとも基本的な方法は次数のいちばん低い文字について整理することですが，ほかにも因数分解にはさまざまな技術があります。理工学において，とくに有効な方法は次の因数定理を用いる方法です。

❷ 因数定理

変数 x に関する関数，

$$f(x)=a_0x^n+a_1x^{n-1}+\cdots+a_{n-1}x+a_n \tag{1.15}$$

において，$f(\alpha)=0$ ならば α は方程式 $f(x)=0$ の解になっています。このとき，関数 $f(x)$ は，

$$f(x)=(x-\alpha)g(x) \tag{1.16}$$

と表現することができます。ここで $g(x)$ は $f(x)$ より次数が 1 つ下がった関数です。以上のことを因数定理といいます。

例題 1.3

$f(x) = x^4+10x^3+35x^2+50x+24$ を因数分解せよ。

解答 $f(-1)=1-10+35-50+24=0$ だから $f(x)$ には因数 $(x+1)$ が含まれています。そこで，$f(x)$ から $(x+1)$ をくくり出す簡便な方法として，最高次数の係数だけを合わせて $(x+1)$ でくくります。この例題では，最高次数は x^4 ですから，ま

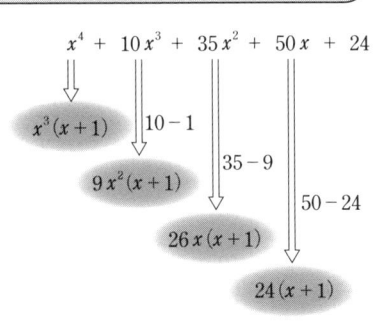

$x^4 + 10x^3 + 35x^2 + 50x + 24$

$x^3(x+1)$　$10-1$
$9x^2(x+1)$　$35-9$
$26x(x+1)$　$50-24$
$24(x+1)$

ず $x^3(x+1)$ という項を考えます。ここで，x^3 を 1 回使いましたから x^3 の項の残りは 9 になります。

したがって，次の項は $9x^2(x+1)$ となるのです。因数 $(x+1)$ が含まれているということは，この方法で $(x+1)$ をくくり出せば最後の係数は必ず辻褄が合うということなのです。途中の計算で加えすぎたら次の項で引くことになります。$f(x)$ を $(x+1)$ で割り算する必要はありません。

$$f(x) = x^4 + 10x^3 + 35x^2 + 50x + 24$$
$$= x^3(x+1) + 9x^2(x+1) + 26x(x+1) + 24(x+1)$$
$$= (x+1)(x^3 + 9x^2 + 26x + 24)$$

次に，$g(x) = x^3 + 9x^2 + 26x + 24$ と置けば，

$$g(-2) = -8 + 36 - 52 + 24 = 0$$

したがって，$g(x)$ には因数 $(x+2)$ が含まれています。そこで，

$$g(x) = x^2(x+2) + 7x(x+2) + 12(x+2)$$
$$= (x+2)(x^2 + 7x + 12)$$

です。2 次式の因数分解は (1.13) 式を逆に使って，

$$x^2 + 7x + 12 = (x+3)(x+4)$$

です。もし適当な因数が見つからないときは，整数の範囲では因数分解ができないということです。

したがって，例題の解は，

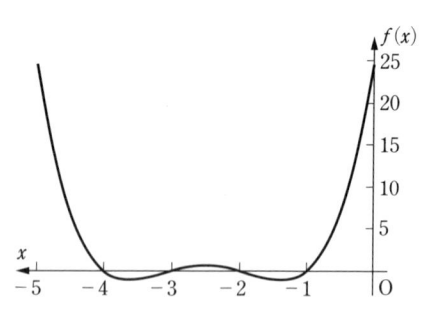

$$f(x) = (x+1)(x+2)(x^2 + 7x + 12) = (x+1)(x+2)(x+3)(x+4)$$

となります。因数を探すには適当な値を代入してみるしか方法はありません。うまく見つからないときは，Excel で関数のグラフを描いてみれば概略の予想はつきます。この例の $f(x)$ のグラフは上図の通りです。

❸ 恒等式

変数 x についての 2 次式の例で説明すれば，すべての x の値に対して，

$$ax^2 + bx + c = a'x^2 + b'x + c' \tag{1.17}$$

が成立するとき，(1.17) 式を変数 x についての恒等式といいます。また (1.17) 式が恒等式であるための必要十分条件は (1.18) 式が成り立っていることです。

$$a = a' , \quad b = b' , \quad c = c' \tag{1.18}$$

例題 1.4
x の整式 $x^4+x^3-x^2+ax+b$ が，ある 2 次式の 2 乗になるとき実数 a, b を求めよ。

解答 x^4 の係数が 1 ですから，ある 2 次式を x^2+px+q と置けば，
$$x^4+x^3-x^2+ax+b = (x^2+px+q)^2$$
です。(1.12)式を用いて右辺を展開すれば，
$$x^4+x^3-x^2+ax+b = x^4+2px^3+(p^2+2q)x^2+2pqx+q^2$$
です。これはすべての x の値について成り立たなければいけませんから恒等式です。したがって，(1.18)式から，両辺の係数を比較して，
$$2p=1 , \quad p^2+2q=-1 , \quad 2pq=a , \quad b=q^2$$
よって，
$$p=\frac{1}{2} , \quad q=-\frac{5}{8} , \quad a=-\frac{5}{8} , \quad b=\frac{25}{64}$$

❹ 部分分数

$$\frac{1}{x^2+3x+2} = \frac{1}{(x+1)(x+2)} = \frac{1}{x+1} - \frac{1}{x+2}$$

のように分数を分母の因数の和に展開することを「部分分数に展開する」といいます。一般には因数が実数の範囲で展開しますが，複素数の範囲で展開することもあります。分子の係数は左辺と右辺を恒等式と見て決定することができます。

例題 1.5
$\dfrac{1}{x^2+x-2}$ を部分分数に展開せよ。

解答 分母を因数分解すると(1.13)式から $x^2+x-2=(x+2)(x-1)$ だから，
$$\frac{1}{x^2+x-2} = \frac{a}{x-1} + \frac{b}{x+2}$$
と展開します。右辺を通分して，
$$\frac{1}{x^2+x-2} = \frac{(a+b)x+2a-b}{x^2+x-2}$$

です。分母が等しくなるのは当然です。そこで分子同士を恒等式とみれば，x の係数は 0, x^0 の係数は 1 だから，

$$\left.\begin{array}{r}a+b=0\\2a-b=1\end{array}\right\} \text{から } a=\frac{1}{3}, \ b=-\frac{1}{3}$$

です。したがって，

$$\frac{1}{x^2+x-2}=\frac{1}{3}\left(\frac{1}{x-1}-\frac{1}{x+2}\right)$$

例題 1.6

$$\frac{1}{x^3+x^2-x-1} \text{ を部分分数に展開せよ。}$$

解答　$f(x)=x^3+x^2-x-1$ と置き，因数定理を用いて因数分解すれば，$x^3+x^2-x-1=(x+1)^2(x-1)$ だから，

$$\frac{1}{x^3+x^2-x-1}=\frac{a}{(x+1)^2}+\frac{b}{x+1}+\frac{c}{x-1}$$

と展開します。分母の因数に $(x+a)^n$ の形があるときには $(x+a), (x+a)^2, \cdots, (x+a)^n$ のすべての因数を考える必要があります。この場合は $(x+a)^2$ がありますから $(x+a)^2$ に関する分母の因数としては $(x+a)$ と $(x+a)^2$ になるのです。そこで右辺を通分します。

$$\frac{a}{(x+1)^2}+\frac{b}{x+1}+\frac{c}{x-1}=\frac{a(x-1)+b(x+1)(x-1)+c(x+1)^2}{x^3+x^2-x-1}$$

$$=\frac{(b+c)x^2+(a+2c)x+(-a-b+c)}{x^3+x^2-x-1}$$

分子同士を恒等式と見て，x^2 と x^1 の係数は 0, x^0 の係数を 1 と置きます。

$$\left.\begin{array}{r}b+c=0\\a+2c=0\\-a-b+c=1\end{array}\right\} \text{から } a=-\frac{1}{2}, \ b=-\frac{1}{4}, \ c=\frac{1}{4}$$

$$\frac{1}{x^3+x^2-x-1}=-\frac{1}{2(x+1)^2}-\frac{1}{4(x+1)}+\frac{1}{4(x-1)}$$

⑤ 不等式

不等式として有名なものに相加平均と相乗平均の関係があります。

$$\frac{x+y}{2} \geq \sqrt{xy} \quad , \quad x>0 \quad , \quad y>0 \tag{1.19}$$

左辺を相加平均，右辺を相乗平均といいます。

例題 1.7
(1.19)式を証明せよ。

解答 (1.19)式は両辺ともに正の値ですから，両辺を2乗しても不等号の向きは変わりません。そこで両辺を2乗して差を取れば，

$$\left(\frac{x+y}{2}\right)^2 - (\sqrt{xy})^2 = \frac{(x+y)^2 - 4xy}{4} = \frac{x^2 - 2xy + y^2}{4} = \frac{(x-y)^2}{4}$$

です。ここで $(x-y)^2 \geq 0$ ですから，

$$\left(\frac{x+y}{2}\right)^2 - (\sqrt{xy})^2 \geq 0$$

となります。移項して両辺の平方根をとれば，

$$\frac{x+y}{2} \geq \sqrt{xy}$$

です。

1-3 複素数

複素数の演算では虚数記号の積が発生した場合に，

$$i^2 = -1 \tag{1.20}$$

というルールが追加されるだけです。四則演算の公式は(1.21)式のとおりです。

$$(a+ib) \pm (c+id) = (a \pm c) + i(b \pm d)$$
$$(a+ib)(c+id) = (ac-bd) + i(ad+bc)$$
$$\frac{c+id}{a+ib} = \frac{c+id}{a+ib} \cdot \frac{a-ib}{a-ib} = \frac{ac+bd}{a^2+b^2} + i\frac{ad-bc}{a^2+b^2} \tag{1.21}$$

横軸に実数，縦軸に虚数を取った平面を複素平面といいます。図1.2で Re は実数(Real)，Im は虚数(Imaginary)の意味です。複素平面上で実軸に関して対象な複素数，

$$z = x + iy \quad , \quad \bar{z} = x - iy \tag{1.22}$$

を共役複素数といいます。ここで x, y は実数です。$\bar{z}$ は複素数 z の共役複素数という記号です。$\bar{z}$ ではなく z^* と書く人もいます。

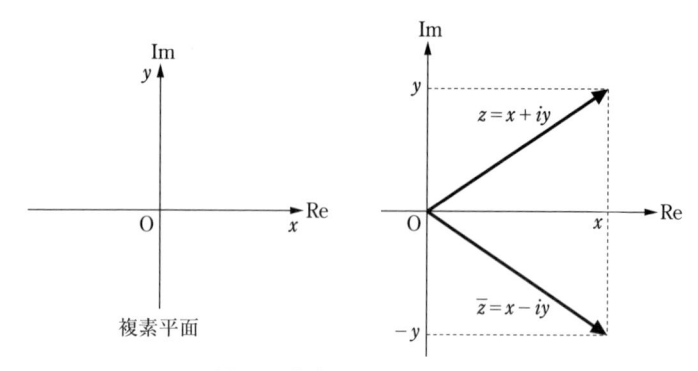

図1.2 複素平面と共役複素数

(1.22)式の両辺をそれぞれ加減することにより(1.23)式が得られます。

$$x = \frac{z+\bar{z}}{2}, \quad y = \frac{z-\bar{z}}{2i} \tag{1.23}$$

複素数の表現形式として，直交座標形式 $z=x+iy$ のほかに，極座標形式の，

$$z = re^{i\theta} \tag{1.24}$$

があります。複素平面上の1点を表現するのに位置ベクトルの絶対値 r と位相角 θ で表現する方法です。直交座標形式とはオイラーの公式で関係づけられています。オイラーの公式は，

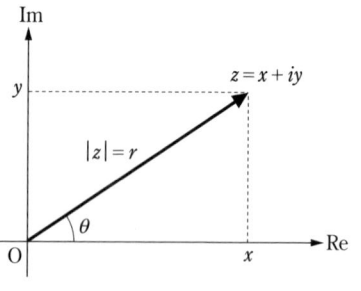

図1.3 直交座標表示と極座標表示

$$e^{i\theta} = \cos\theta + i\sin\theta, \quad e^{-i\theta} = \cos\theta - i\sin\theta \tag{1.25}$$

です。この公式を用いれば，

$$z = re^{i\theta} = r(\cos\theta + i\sin\theta), \quad \bar{z} = re^{-i\theta} = r(\cos\theta - i\sin\theta) \tag{1.26}$$

ですから，

$$x = r\cos\theta, \quad y = r\sin\theta \tag{1.27}$$

の関係になっています。逆に極座標形式の r, θ は(1.28)式です。

$$r = \sqrt{x^2 + y^2} \quad , \quad \theta = \tan^{-1} \frac{y}{x} \tag{1.28}$$

また，ド・モアブルの定理により，

$$z = r(\cos\theta + i\sin\theta)$$
$$z^n = r^n(\cos\theta + i\sin\theta)^n = r^n(\cos n\theta + i\sin n\theta) \tag{1.29}$$

が成り立ちます（証明は例 1.14）。

さらにオイラーの公式から，

$$\cos\theta = \frac{e^{i\theta} + e^{-i\theta}}{2} \tag{1.30}$$

$$\sin\theta = \frac{e^{i\theta} - e^{-i\theta}}{2i} \tag{1.31}$$

という公式も得ることができます。三角関数については 1.7 節を参照して下さい。

例題 1.8

$\sqrt{-2} \cdot \sqrt{-3}$ を計算せよ。

解答　$\sqrt{-2} \cdot \sqrt{-3} = i\sqrt{2} \cdot i\sqrt{3} = i^2\sqrt{6} = -\sqrt{6}$

注意：$\sqrt{-2} \cdot \sqrt{-3} = \sqrt{(-2)(-3)} = \sqrt{6}$ と計算してはいけません。

$\sqrt{a} \cdot \sqrt{b} = \sqrt{ab}$, $\dfrac{\sqrt{b}}{\sqrt{a}} = \sqrt{\dfrac{b}{a}}$ が成り立つのは $a>0$, $b>0$ のときだけです。$a<0$, $b<0$ の場合は最初に虚数単位 i を用いた表現にあらためてから計算します。

例題 1.9

$\dfrac{\sqrt{15}}{\sqrt{-3}}$ を計算せよ。

解答　$\dfrac{\sqrt{15}}{\sqrt{-3}} = \dfrac{\sqrt{15}}{i\sqrt{3}} = \dfrac{1}{i} \cdot \dfrac{i}{i} \dfrac{\sqrt{15}}{\sqrt{3}} = -i\sqrt{\dfrac{15}{3}} = -i\sqrt{5}$

注意：ここでも $\dfrac{\sqrt{15}}{\sqrt{-3}} = \sqrt{\dfrac{15}{-3}} = \sqrt{-5} = i\sqrt{5}$ と計算してはいけません。

なお，分母に虚数単位が残った場合は分母の実数化を行う必要があります。

例題 1.10

$\dfrac{1}{a+ib}$ の分母を実数化せよ。

解答 (1.21)式の第3式と同じ原理で，分母の実数化のためには分母，分子に共役複素数を掛けます。

$$\frac{1}{a+ib}=\frac{1}{a+ib}\cdot\frac{a-ib}{a-ib}=\frac{a-ib}{a^2+b^2}=\frac{a}{a^2+b^2}-i\frac{b}{a^2+b^2}$$

なお，$(a+ib)(a-ib)=a^2-(ib)^2=a^2+b^2$ です。これは(1.7)式で b が虚数の場合ですが，(1.20)式の $i^2=-1$ というルールさえ守れば(1.5)～(1.14)の公式は複素数の場合にもすべて成立します。

例題 1.11

$\dfrac{1+i\sqrt{5}}{2+i\sqrt{5}}$ の分母を実数化せよ。

解答 分母の共役複素数 $(2-i\sqrt{5})$ を分子，分母ともに掛けます。

$$\frac{1+i\sqrt{5}}{2+i\sqrt{5}}=\frac{1+i\sqrt{5}}{2+i\sqrt{5}}\cdot\frac{2-i\sqrt{5}}{2-i\sqrt{5}}=\frac{(1+i\sqrt{5})(2-i\sqrt{5})}{2^2-(i\sqrt{5})^2}=\frac{7}{9}+i\frac{\sqrt{5}}{9}$$

例題 1.12

複素数 $z=-2+i2\sqrt{3}$ を極座標形式で表せ。

解答 (1.28)式から，

$$r=|z|=\sqrt{(-2)^2+(2\sqrt{3})^2}=4$$

$$\theta=\angle z=\frac{\pi}{6}+\frac{\pi}{2}=\frac{2}{3}\pi$$

です。したがって，(1.24)式より $z=4e^{i\frac{2}{3}\pi}$ となります。

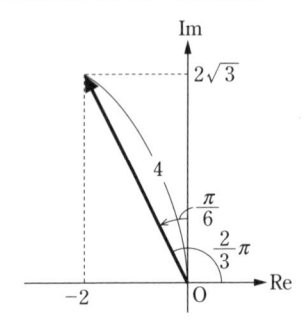

例題 1.13

複素数 $z = 2e^{-i\frac{1}{3}\pi}$ を直交座標形式で表せ。

解答 (1.26)式から，

$$z = 2e^{-i\frac{1}{3}\pi} = 2\left\{\cos\left(\frac{1}{3}\pi\right) - i\sin\left(\frac{1}{3}\pi\right)\right\}$$
$$= 1 - i\sqrt{3}$$

です。なお，$\cos\frac{1}{3}\pi = \frac{1}{2}$, $\sin\frac{1}{3}\pi = \frac{\sqrt{3}}{2}$ です。

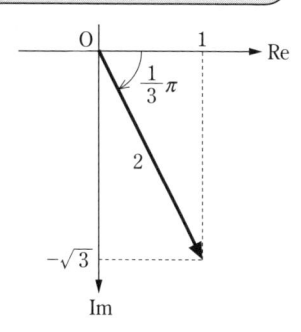

例題 1.14

ド・モアブルの定理(1.29)式を証明せよ。

解答 ド・モアブルの定理は数学的帰納法を用いて証明することができます。

$$z^n = r^n(\cos\theta + i\sin\theta)^n = r^n(\cos n\theta + i\sin n\theta)$$

の証明をします。

まず $n = 1$ のとき，

$$z = r(\cos\theta + i\sin\theta)$$

となりこれは正しい。次に $n = k$ のときに成り立つと仮定すれば，

$$z^k = r^k(\cos k\theta + i\sin k\theta)$$

です。このとき，

$$z^{k+1} = r^k(\cos k\theta + i\sin k\theta) \cdot r(\cos\theta + i\sin\theta)$$
$$= r^{k+1}\{(\cos k\theta \cos\theta - \sin k\theta \sin\theta)$$
$$\qquad + i(\sin k\theta \cos\theta + \cos k\theta \sin\theta)\}$$
$$= r^{k+1}\{\cos(k+1)\theta + i\sin(k+1)\theta\}$$

です。したがって，$n = k$ のときに成り立つと仮定すれば $n = k+1$ のときも成り立っています。すなわち，ド・モアブルの定理は証明されたのです。なお，式の変形で三角関数の加法定理を使っています。

例題 1.14 のように,
- $n=1$ のとき正しい。
- $n=k$ のとき正しいと仮定すれば,
- $n=k+1$ のときも正しい。

という証明の方法を数学的帰納法といいます。

例題 1.15

実数 x, y について, $(1+i)y^2+(x-i)y+2(1-xi)=0$ が成り立つときの x, y を求めよ。

解答　まず, 実数と虚数に整理します。
$$(y^2+xy+2)+i(y^2-y-2x)=0$$
この等式が成立するためには左辺の実数部, 虚数部ともに0でなければなりません。

したがって,
$$y^2+xy+2=0 \quad ①$$
$$y^2-y-2x=0 \quad ②$$

です。この連立方程式の解は①式 − ②式から,
$$y(x+1)+2(x+1)=0$$
$$(x+1)(y+2)=0$$

です。したがって, 解は $x=-1$ または $y=-2$ となります。

$x=-1$ のとき, ①式または②式に代入すれば $y^2-y+2=0$ となり, 判別式 $D=1-8<0$ ですから y は虚数になります。したがって, 実数 x, y という題意に反します。なお, 判別式については1.4節で説明します。

$y=-2$ のときは, ①式または②式に代入すれば $x=3$ が得られて, x, y ともに実数です。したがって題意を満足する解は以下となります。
$$x=3 \quad , \quad y=-2$$

例題 1.16

$n\geq 2$ の自然数に対して $h>0$ ならば $(1+h)^n>1+nh$ が成り立つことを数学的帰納法を用いて証明せよ。

解答 $n=2$ のとき $(1+h)^2=1+2h+h^2>1+2h$ だから正しい。

$n=k$ のとき $(1+h)^k>1+kh$ が成立すると仮定すれば $n=k+1$ のとき,
$$(1+h)^{k+1}=(1+h)(1+h)^k>(1+h)(1+kh)$$
$$=\{1+(k+1)h+kh^2\}>1+(k+1)h$$

したがって, 命題は正しいことが証明されました。

1-4 1次関数・2次関数

独立変数 x の値に応じて従属変数 y の値が変化するのが関数です。1次関数は XY 平面上での直線を, 2次関数は放物線を表します。

$$1 次関数 \quad y=ax+b \quad (a, b は定数で a\neq 0) \tag{1.32}$$
$$2 次関数 \quad y=ax^2+bx+c \quad (a, b, c は定数で a\neq 0) \tag{1.33}$$

独立変数 x の関数という意味で,

$$f(x)=ax+b \tag{1.34}$$
$$f(x)=ax^2+bx+c \tag{1.35}$$

とも表現します。$f(x)=0$ と置いた式は方程式とよばれます。

$$ax+b=0 \tag{1.36}$$
$$ax^2+bx+c=0 \tag{1.37}$$

1次方程式は1個の解, 2次方程式は2個の解をもちます。

❶ 2次方程式の解の公式

(1.37)式の2つの解は,

$$x=\frac{-b\pm\sqrt{b^2-4ac}}{2a} \tag{1.38}$$

で表されます。(1.38)式を2次方程式の解の公式とよびます。

$$D=b^2-4ac \tag{1.39}$$

を判別式といい,

$D>0$ 　　異なる2個の実数解
$D=0$ 　　重複した1個の実数解
$D<0$ 　　異なる2個の虚数解

を持ちます。解の公式(1.38)式は(1.37)式を少し技巧的に,

$$x^2 + \frac{b}{a}x + \frac{c}{a} = 0$$

$$x^2 + \frac{b}{a}x + \left(\frac{b}{2a}\right)^2 = \left(\frac{b}{2a}\right)^2 - \frac{c}{a}$$

とし，左辺を強引に $\left(x + \frac{b}{2a}\right)^2$ の形に変形して得られます．

$$\left(x + \frac{b}{2a}\right)^2 = \frac{b^2 - 4ac}{4a^2}$$

$$x + \frac{b}{2a} = \pm\sqrt{\frac{b^2 - 4ac}{4a^2}}$$

$$x = -\frac{b}{2a} \pm \sqrt{\frac{b^2 - 4ac}{4a^2}} = \frac{-b \pm \sqrt{b^2 - 4ac}}{2a} \tag{1.40}$$

❷ 解と係数の関係

2次方程式の2つの解を α, β とします．

$$f(x) = a\left(x^2 + \frac{b}{a}x + \frac{c}{a}\right) = a(x - \alpha)(x - \beta) = a\{x^2 - (\alpha + \beta)x + \alpha\beta\} \tag{1.41}$$

から係数を比較して，

$$\alpha + \beta = -\frac{b}{a}, \quad \alpha\beta = \frac{c}{a} \tag{1.42}$$

の関係が得られます．(1.42)式を2次方程式の解と係数の関係とよびます．

❸ 1次関数のグラフ

1次関数 $y = ax + b$ のグラフは直線になります．a は直線の傾きを表し，b は y 軸との交点（y 切片）を表します．

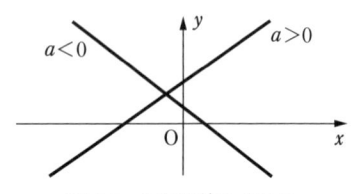

図 1.4 1次関数のグラフ

❹ 2次関数のグラフ

$$f(x) = a\left(x^2 + \frac{b}{a}x + \frac{c}{a}\right) = a\left\{\left(x + \frac{b}{2a}\right)^2 - \frac{b^2 - 4ac}{4a^2}\right\} \tag{1.43}$$

のグラフは a の正負で異なり，図1.5のようになります．つまり $a > 0$ のときは下に凸，$a < 0$ のときには上に凸の放物線になります．頂点の座標は(1.43)式から，

$$\left(-\frac{b}{2a},\ -\frac{D}{4a}\right)$$

となります。ここで D は判別式で (1.39) 式のことです。

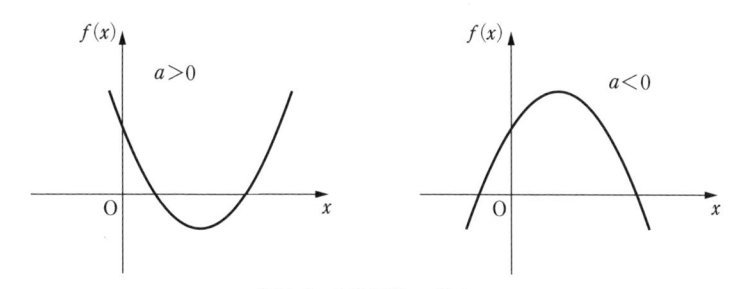

図 1.5　2 次関数のグラフ

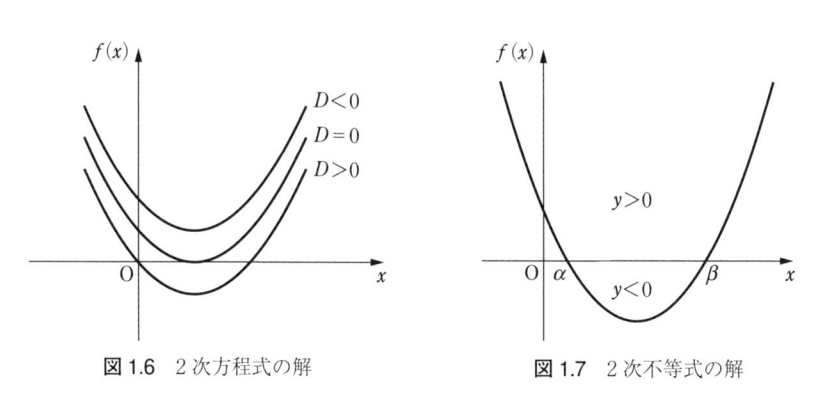

図 1.6　2 次方程式の解

図 1.7　2 次不等式の解

2 次方程式の解は $f(x)=0$ の場合ですから，2 次関数のグラフと x 軸の交点になります。$a>0$ の場合で考えると図 1.6 です。$D<0$ の場合は x 軸との交点はありませんから虚数解になります。

❺　2 次関数の不等式

α, β は実数で $\alpha<\beta$ とするとき，

$(x-\alpha)(x-\beta)\geq 0$ の解は $x\leq\alpha$ または $x\geq\beta$ 　　　　　　(1.44)

$(x-\alpha)(x-\beta)\leq 0$ の解は $\alpha\leq x\leq\beta$ 　　　　　　　　　　　(1.45)

(1.44) 式，(1.45) 式は図 1.7 を参照して下さい。$f(x)=(x-\alpha)(x-\beta)$ は x についての 2 次式で x^2 の係数が正ですから下に凸の放物線で，x 軸 ($f(x)=0$) との交点

は α, β です。このとき,

$f(x) \geq 0$ になる x の領域は $x \leq \alpha$ または $x \geq \beta$

$f(x) \leq 0$ になる x の領域は $\alpha \leq x \leq \beta$

例題 1.17

2次方程式 $x^2 + ax + b = 0$ が 0 でない解 α, β をもち,

$$\alpha^2 + \beta^2 = 3, \quad \frac{1}{\alpha} + \frac{1}{\beta} = 1$$

が成り立つとき, a, b の値を求めよ。

解答 最初に与えられた式を変形しておきます。

$$\alpha^2 + \beta^2 = (\alpha+\beta)^2 - 2\alpha\beta = 3$$

$$\frac{1}{\alpha} + \frac{1}{\beta} = \frac{\alpha+\beta}{\alpha\beta} = 1$$

ここで, 解と係数の関係から $\alpha+\beta=-a$, $\alpha\beta=b$ を代入して,

$$a^2 - 2b = 3 \quad \text{①}$$

$$\frac{a}{b} = -1 \quad \text{②}$$

が得られます。②式から $a=-b$ として①式に代入すれば,

$$b^2 - 2b - 3 = (b-3)(b+1) = 0$$

です。したがって, $b=3, -1$ だから, これを②式に代入して,

$$(a, b) = (1, -1), (-3, 3)$$

が得られます。

例題 1.18

実数 x, y が $\dfrac{x^2}{4} + y^2 = 1$ を満たすとき $x + 3y^2$ の最大値とそのときの x の値を求めよ。

解答 まず x, y は実数という条件があります。そこで, $\dfrac{x^2}{4} + y^2 = 1$ から $y^2 = 1 - \dfrac{x^2}{4}$ とし, $y^2 \geq 0$ でなければならないから, $y^2 = 1 - \dfrac{x^2}{4} \geq 0$ から

$x^2-4=(x+2)(x-2)≦0$ で $-2≦x≦2$ となります（(1.45)式参照）。そこで $y^2=1-\dfrac{x^2}{4}$ を $x+3y^2$ に代入すると，

$$x+3y^2=x+3\left(1-\dfrac{x^2}{4}\right)=-\dfrac{3}{4}x^2+x+3$$
$$=-\dfrac{3}{4}\left\{\left(x-\dfrac{2}{3}\right)^2-4-\left(\dfrac{2}{3}\right)^2\right\}$$

です。この変形の方法は(1.43)式と同じです。このグラフは x^2 の係数が負ですから上に凸の2次関数で最大値は $x=\dfrac{2}{3}$ のときであり $-\dfrac{3}{4}\left\{-4-\left(\dfrac{2}{3}\right)^2\right\}=\dfrac{10}{3}$ です。この x の値は実数条件 $-2≦x≦2$ を満足していますから，$x=\dfrac{2}{3}$ のとき $x+3y^2$ の最大値は $\dfrac{10}{3}$ が解となります。なお，実数条件としては $x^2≧0$ を使って $-1≦y≦1$ としてもかまいませんが，問題式を y に関する2次関数としては表現できませんからこの問題の場合には不適切です。

例題 1.19

2次方程式 $x^2-2x+2=0$ の2つの解を $α, β$ とするとき，$f(α)=2β, f(β)=2α, f(2)=2$ を満足する2次関数 $f(x)$ を求めよ。

解答 解と係数の関係から，

$$α+β=2 \quad , \quad αβ=2 \qquad ①$$

で，かつ $x^2-2x+2=0$ の2つの解は相異なる虚数だから $α≠β$ です。
求める2次関数を $f(x)=ax^2+bx+c$ とおけば，

$$f(α)=aα^2+bα+c=2β \qquad ②$$
$$f(β)=aβ^2+bβ+c=2α \qquad ③$$
$$f(2)=4a+2b+c=2 \qquad ④$$

です。②式と③式の和から，

$$a(α^2+β^2)+b(α+β)+2c=2(α+β)$$

ここで $\alpha^2+\beta^2=(\alpha+\beta)^2-2\alpha\beta=4-4=0$ だから,

$\qquad b+c=2 \qquad\qquad ⑤$

また，②式と③式の差から，

$\qquad a(\alpha^2-\beta^2)+b(\alpha-\beta)=-2(\alpha-\beta)$

$\alpha^2-\beta^2=(\alpha+\beta)(\alpha-\beta)$ だから $\alpha\neq\beta$ の条件を使って $(\alpha-\beta)$ で割れば,

$\qquad 2a+b=-2 \qquad\qquad ⑥$

です。④，⑤，⑥式の連立方程式を解いて $a=1$, $b=-4$, $c=6$ となります。したがって，

$\qquad f(x)=x^2-4x+6$

例題 1.20

$f(x)=x^4-5x^3+6x^2-10x+8$ を複素数の範囲で因数分解せよ。

解答 $f(1)=1-5+6-10+8=0$ だから $f(x)$ は因数 $(x-1)$ を含みます。

$\qquad f(x)=x^3(x-1)-4x^2(x-1)+2x(x-1)-8(x-1)$

$\qquad\qquad =(x-1)(x^3-4x^2+2x-8)$

次に，$g(x)=x^3-4x^2+2x-8$ と置けば $g(4)=0$ だから，

$\qquad g(x)=x^2(x-4)+2(x-4)=(x-4)(x^2+2)$

です。したがって，

$\qquad f(x)=(x-1)(x-4)(x^2+2)=(x-1)(x-4)(x+i\sqrt{2})(x-i\sqrt{2})$

❶-❺ 指数関数

$y=a^x$ の形の関数を指数関数とよびます。ここで a は $a\neq 1$ の正の実数で底とよばれます。また，x は任意の実数で指数とよばれます。

工学で出てくる指数関数はほとんどが，底が 10 の場合と e の場合のどちらかです。

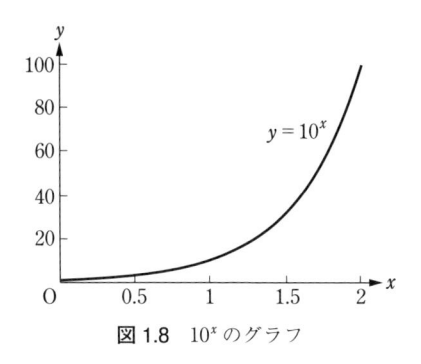

図 1.8 10^x のグラフ 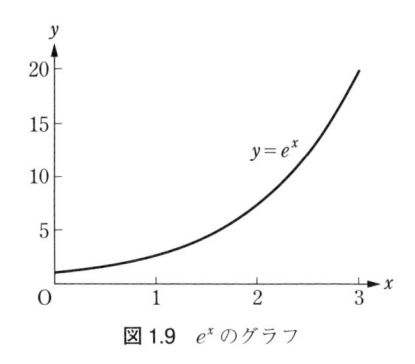 **図 1.9** e^x のグラフ

　指数関数の理工学的な用法としては極端に大きな数や極端に小さな数の表現に便利です。たとえば，

　　太陽の質量：1.99×10^{30}〔kg〕

　　電子の質量：9.11×10^{-31}〔kg〕

です。指数関数の四則演算は乗算および除算に特徴があります。

$$a^x \times a^y = a^{x+y} \tag{1.46}$$

$$\frac{a^x}{a^y} = a^{x-y} \tag{1.47}$$

なお，指数関数の特殊な場合として，

$$a^0 = 1 \tag{1.48}$$

です。たとえば，

$$10^0 = 10^{1-1} = \frac{10}{10} = 1$$

ですから，矛盾はありません。蛇足ながら，

$$0! = 1 \tag{1.49}$$

という決まりもあります。0の階乗も1と決められています。

　指数関数に関するそのほかの公式として，

$$(a^x)^n = a^{nx} \tag{1.50}$$

があります。$(a^x)^n = a^x \times a^x \times \cdots \times a^x = a^{x+x+\cdots+x} = a^{nx}$ だからです。また，

$$(ab)^n = a^n b^n \tag{1.51}$$

$$\left(\frac{a}{b}\right)^n = \frac{a^n}{b^n} \tag{1.52}$$

$$a^{-n} = \frac{1}{a^n} \tag{1.53}$$

例題 1.21
底が $a>1$ および $0<a<1$ の場合の指数関数 $f(x)=a^x$ のグラフを描け。

解答 代表例として，$a=2$ と $a=0.5$ の場合についてグラフを示します。なお，$a=1$ の場合はつねに $f(x)=1$ ですから指数関数の定義として $a\neq 1$ なのです。

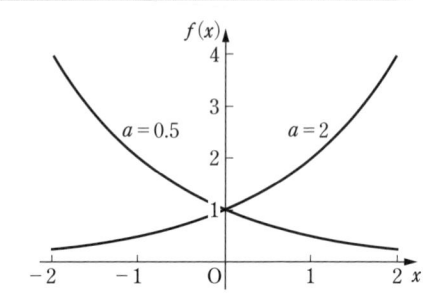

例題 1.22
$2^{6x+1}+5\cdot 2^{4x}-11\cdot 2^{2x}+4=0$ を解け。

解答
$$2^{6x+1}=2^{6x}\cdot 2^1=2\cdot (2^{2x})^3$$
$$2^{4x}=(2^{2x})^2$$

したがって，$2^{2x}=X$ とおけば，$2X^3+5X^2-11X+4=0$ です。因数定理を使って因数分解すれば $f(1)=0$ だから，

$$2X^2(X-1)+7X(X-1)-4(X-1)=0$$
$$(X-1)(2X^2+7X-4)=0$$
$$(X-1)(2X-1)(X+4)=0$$

となります。2次式の因数分解には(1.14)式を使っています。したがって，

$$X=1 \quad , \quad \frac{1}{2} \quad , \quad -4$$

が得られます。ここで $X=2^{2x}>0$ だから -4 は解から除外します。したがって，

$$2^{2x}=1=2^0$$
$$2^{2x}=\frac{1}{2}=2^{-1}$$

です。指数関数の等式の場合，底が等しければ指数同士が等しくなりますから，

$$x=0 \quad , \quad -\frac{1}{2}$$

例題 1.23

不等式 $\left(\dfrac{1}{4}\right)^x - 9\left(\dfrac{1}{2}\right)^{x-1} + 32 \leq 0$ を解け。

解答
$$\left(\frac{1}{4}\right)^x = \frac{1}{4^x} = \frac{1}{2^{2x}} = \frac{1}{(2^x)^2} \quad , \quad \left(\frac{1}{2}\right)^{x-1} = \left(\frac{1}{2}\right)^x \left(\frac{1}{2}\right)^{-1} = 2\frac{1}{2^x}$$

となり，$2^x = X$ と置けば，

$$\frac{1}{X^2} - 18\frac{1}{X} + 32 \leq 0$$

$$32X^2 - 18X + 1 \leq 0$$

$$(16X - 1)(2X - 1) \leq 0$$

$$\frac{1}{16} \leq X \leq \frac{1}{2}$$

$$2^{-4} \leq 2^x \leq 2^{-1}$$

です。底が2の場合，指数関数の不等号の向きと指数の不等号の向きは同じになります。したがって，解は，

$$-4 \leq x \leq -1$$

1-6 対数関数

指数関数 $y=a^x$ は指数 x の値を先に与えて関数の値 y を求めます。ここで x と y を入れ替えて考えてみます。すなわち，y の値が先にわかっていて，y は a の何乗に相当するかという x を求める問題です。この x の値を $x = \log_a y$ で表し，a を底とする y の対数とよびます。対数は指数関数に戻せば指数に対応して

います。このとき y を真数といいます。$y=a^x$ ですから真数はつねに正です。$\log_a$ という記号は対数の英語 logarithm の略で a を底とした対数という意味です。$a=10$ の場合をとくに常用対数とよびます。指数関数と対数関数を対応して示せば，

$$
\begin{aligned}
10^0 &= 1 & &\Rightarrow & \log_{10} 1 &= 0 \\
10^1 &= 10 & &\Rightarrow & \log_{10} 10 &= 1 \\
10^2 &= 100 & &\Rightarrow & \log_{10} 100 &= 2 \\
10^3 &= 1000 & &\Rightarrow & \log_{10} 1000 &= 3
\end{aligned}
\tag{1.54}
$$

です。対数関数の値は指数関数の指数になっていることがわかります。

対数関数を指数関数から導けば $x=\log_a y$ ということになりますが，このままでは独立変数と従属変数の関係がほかの一般の関数と逆になってしまいます。そこで対数関数を新たな1つの独立した関数として考える場合は x と y を入れ替えて $y=\log_a x$ と書きます。指数関数型に戻せば $x=a^y$ ですから，指数関数とは丁度 x と y が入れ替わった形になります。この x と y を入れ替える操作は，横軸に x，縦軸に y を取ったグラフ上では $y=x$ という直線に関して対称になることを意味します。たとえば $a=10$ の場合，$y=10^x$ のグラフを直線 $y=x$ について折り曲げたグラフが $y=\log_{10} x$ になるのです。

もう1つ重要な対数に自然対数があります。ネイピア数 e を底とした対数で工学での記号は ln です。常用対数との違いは底が 10 であるかネイピア数 e であるかです。すなわち，指数関数 $y=e^x$ に対応した対数関数が $y=\ln x$ です。底が e の対数 $\log_e x$ のことを工学では $\ln x$ と書く慣わしなのです。ただこれは厳密な約束事ではありません。底が e であっても $\log_e$ のままのこともあります。ln は自然対数 natural logarithm の略記号です。関数電卓では log のキーと ln のキーで区別されています。

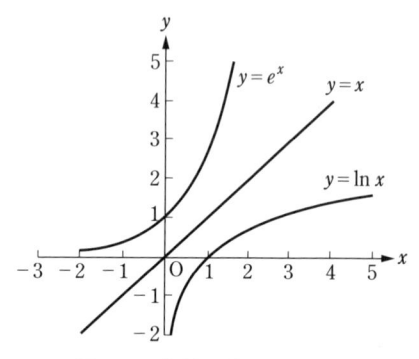

図 1.10 指数関数と対数関数

対数関数の計算では，指数関数と逆で，和と差に特徴があり積と商はそれ以上

変形はできません。

$$\log_a x + \log_a y = \log_a xy$$

$$\log_a x - \log_a y = \log_a \frac{x}{y} \tag{1.55}$$

また，対数関数には次の公式があります。

$$\log_a x^n = n \log_a x \tag{1.56}$$

さらに，底の変換公式もあります。

$$\log_x y = \frac{\log_a y}{\log_a x} \tag{1.57}$$

変換後の底は何でもかまいません。この底の変換公式は工学では自然対数と常用対数の変換にしばしば用いられます。

例題 1.24

常用対数を自然対数に，また自然対数を常用対数に変換せよ。

解答 底の変換公式(1.57)式を使います。

$$\log_{10} x = \frac{\log_e x}{\log_e 10} \cong \frac{\log_e x}{2.3026} \cong 0.4343 \log_e x$$

$$\log_e x = \frac{\log_{10} x}{\log_{10} e} \cong \frac{\log_{10} x}{0.4343} \cong 2.3026 \log_{10} x$$

なお，$\log_e 10$，$\log_{10} e$ の値は対数表か関数電卓で求めます。

例題 1.25

太陽の質量，電子の質量を対数表示せよ。

太陽の質量：1.99×10^{30} 〔kg〕

電子の質量：9.11×10^{-31} 〔kg〕

解答 (1.55)式，(1.56)式を使って常用対数を取れば，

太陽の質量：$\log_{10}(1.99 \times 10^{30}) = \log_{10} 1.99 + \log_{10} 10^{30}$

$$= \log_{10} 1.99 + 30 \log_{10} 10 \cong 30.30$$

電子の質量：$\log_{10}(9.11 \times 10^{-31}) = \log_{10} 9.11 + \log_{10} 10^{-31}$

$$= \log_{10} 9.11 - 31 \log_{10} 10 \cong -30.04$$

となります。なお，(1.54)式から $\log_{10} 10 = 1$ です。また，関数電卓を用い

て $\log_{10} 1.99 \fallingdotseq 0.30$,$\log_{10} 9.11 \fallingdotseq 0.96$ としました。対数表示すれば極端な数値も適度な大きさに変換できるのです。

例題 1.26

次の方程式を解け。
$$\log_4(4x-7)+\log_2 x = 1+3\log_4(x-1)$$

解答 真数は正だから，$x>0$, $x>1$, $x>\dfrac{7}{4}$ から $x>\dfrac{7}{4}$ です。底を 10 に統一して，

$$\frac{\log_{10}(4x-7)}{\log_{10} 4} + \frac{\log_{10} x}{\log_{10} 2} = \frac{\log_{10} 4}{\log_{10} 4} + \frac{3\log_{10}(x-1)}{\log_{10} 4}$$

$\log_{10} 4 = \log_{10} 2^2 = 2\log_{10} 2$ から $\log_{10} 2 = \dfrac{1}{2}\log_{10} 4$ だから，

$$\frac{\log_{10}(4x-7)}{\log_{10} 4} + \frac{2\log_{10} x}{\log_{10} 4} = \frac{\log_{10} 4}{\log_{10} 4} + \frac{3\log_{10}(x-1)}{\log_{10} 4}$$

分母を払えば，

$$\log_{10}(4x-7) + 2\log_{10} x = \log_{10} 4 + 3\log_{10}(x-1)$$
$$\log_{10}(4x-7)x^2 = \log_{10} 4(x-1)^3$$

したがって，

$$x^2(4x-7) = 4(x-1)^3$$

です。展開すれば x^3 項が消えて，

$$5x^2-12x+4=0\ ,\ (5x-2)(x-2)=0\ ,\ x=\dfrac{2}{5}\ ,\ x=2$$

です。真数条件から $x>\dfrac{7}{4}$ だから，解は $x=2$ となります。

例題 1.27

次の連立方程式を解け。
$$4^x \cdot 3^y = 1$$
$$3^{x+2} \cdot 2^{\frac{y}{2}} = 4$$

解答 まず，第 1 式について，両辺の常用対数を取ります。

$$\log_{10} 4^x \cdot 3^y = \log_{10} 1$$

$$\log_{10} 2^{2x} + \log_{10} 3^y = 0$$

$$2x \log_{10} 2 + y \log_{10} 3 = 0 \qquad ①$$

同じように第2式について，

$$\log_{10} 3^{x+2} \cdot 2^{\frac{y}{2}} = \log_{10} 4$$

$$\log_{10} 3^{x+2} + \log_{10} 2^{\frac{y}{2}} = \log_{10} 2^2$$

$$(x+2)\log_{10} 3 + \frac{y}{2}\log_{10} 2 = 2\log_{10} 2 \qquad ②$$

です。ここで②式について少し整理して，

$$x \log_{10} 3 + \frac{y}{2}\log_{10} 2 = 2(\log_{10} 2 - \log_{10} 3)$$

$$2x \log_{10} 3 + y \log_{10} 2 = 4(\log_{10} 2 - \log_{10} 3) \qquad ③$$

①式と③式は連立1次方程式になっています。

$$x \log_{10} 2^2 + y \log_{10} 3 = 0 \qquad ①'$$

$$x \log_{10} 3^2 + y \log_{10} 2 = 4(\log_{10} 2 - \log_{10} 3) \qquad ③'$$

まず，y を消去すれば，①$' \times \log_{10} 2 - ③' \times \log_{10} 3$ から，

$$x\{\log_{10} 2 \cdot \log_{10} 2^2 - \log_{10} 3 \cdot \log_{10} 3^2\} = -4\log_{10} 3\{\log_{10} 2 - \log_{10} 3\}$$

$$2x\{(\log_{10} 2)^2 - (\log_{10} 3)^2\} = -4\log_{10} 3\{\log_{10} 2 - \log_{10} 3\}$$

$$2x(\log_{10} 2 + \log_{10} 3)(\log_{10} 2 - \log_{10} 3) = -4\log_{10} 3(\log_{10} 2 - \log_{10} 3)$$

$$x = \frac{-2\log_{10} 3}{\log_{10} 2 + \log_{10} 3} = -\frac{2\log_{10} 3}{\log_{10} 6} \qquad ④$$

です。④式を①'式に代入して，

$$y = -\frac{x \log_{10} 2^2}{\log_{10} 3} = \frac{2\log_{10} 3 \cdot \log_{10} 2^2}{\log_{10} 6 \cdot \log_{10} 3} = \frac{4\log_{10} 2}{\log_{10} 6} \qquad ⑤$$

1-7 三角関数

次は三角関数ですが，最初に角度の表現方法について説明しておきます。角度の単位は工学部の学生が頻繁に間違える単位の1つだからです。角度 θ を表す単位として度（Degree）とラジアン（Radian）の2つがあります。単位はそれぞれ〔°〕，〔rad〕と表記して区別します。〔°〕は〔deg〕と表現することもありま

す。〔°〕や〔deg〕で表す角度を度数法，〔rad〕での角度の表現を弧度法とよびます。

度数法では，一回転を 360° とし，1° より小さい角度は 1° は 60 分，1 分は 60 秒という 60 進法になっています。一般の社会生活では角度の単位としてみなこの度数法を用いています。円の 1 回転で 360° ですから半回転，すなわち直線で 180°，$\frac{1}{4}$ 回転が 90° ということになります。

この度数法に対して弧度法では単位にラジアン (Radian) を用います。弧度法では，円の半径と同じ長さの弧が張る中心角を 1〔rad〕とします。半径 r〔m〕の円の円周は $2\pi r$〔m〕ですから，円の 1 周は $\frac{2\pi r}{r} = 2\pi$ で 2π〔rad〕となります。半径が r〔m〕の円周上の a〔m〕の弧が張る中心角は $\frac{a}{r}$〔rad〕で〔rad〕の内訳は〔m/m〕ですから無次元になります。このことから角度の〔rad〕は無次元であるという表現もされるのです。無次元とは〔kg〕とか〔m〕などの単位がないという意味で〔−〕で表記します。

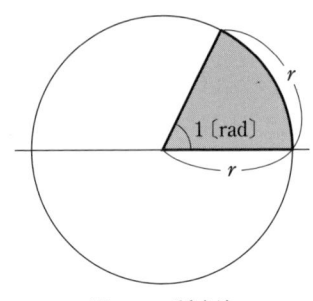

図 1.11　弧度法

工学では角度の単位といえば弧度法のことをいいます。工学部に入学したばかりの頃の学生はよくこれを取り違えて間違えることがあります。関数電卓にも〔deg〕モードと〔rad〕モードがありますから注意しましょう。

度数法と弧度法の関係は次の通りです。

$$180° = \pi \,〔\mathrm{rad}〕, \quad 360° = 2\pi \,〔\mathrm{rad}〕, \quad 1° = \frac{\pi}{180}\,〔\mathrm{rad}〕$$

$$1\,〔\mathrm{rad}〕 = \frac{180}{\pi}\,〔°〕 = 57.295\cdots\,〔°〕$$

$$30° = \frac{\pi}{6}\,〔\mathrm{rad}〕 \quad 45° = \frac{\pi}{4}\,〔\mathrm{rad}〕 \quad 60° = \frac{\pi}{3}\,〔\mathrm{rad}〕 \quad 90° = \frac{\pi}{2}\,〔\mathrm{rad}〕$$

(1.58)

次に三角関数です。図 1.12 の三角形 ABC は ∠C が直角の直角三角形です。

このとき，角度 θ と辺の長さ a, b, c の間に次の 3 つの関係を考えます．

$$\left.\begin{aligned} \frac{b}{c} &= \sin\theta \\ \frac{a}{c} &= \cos\theta \\ \frac{b}{a} &= \tan\theta \end{aligned}\right\} \tag{1.59}$$

sin はサインと読み日本語では正弦（せいげん）です．同様に cos はコサインと読み日本語では余弦（よげん）で，tan はタンジェントと読み日本語では正接（せいせつ）といいます．すなわち，三角関数は角度 θ に対して 3 つの異なる実数を対応させているのです．

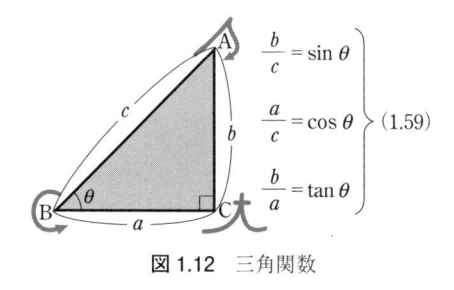

図 1.12 三角関数

この三角関数の値は三角形の大きさには関係ありません．直角三角形で角度 θ が同じ三角形はみな相似形なります．また 30°，45°，60° などの特殊な角度については三角定規の辺の長さの比から三角関数の値を知ることができます．任意の角度については三角関数表が準備されています．

$$\left.\begin{aligned} \sin 30° &= \frac{1}{2} & \sin 60° &= \frac{\sqrt{3}}{2} \\ \cos 30° &= \frac{\sqrt{3}}{2} & \cos 60° &= \frac{1}{2} \\ \tan 30° &= \frac{1}{\sqrt{3}} & \tan 60° &= \sqrt{3} \end{aligned}\right\} \tag{1.60}$$

$$\left.\begin{aligned} \sin 45° &= \frac{1}{\sqrt{2}} \\ \cos 45° &= \frac{1}{\sqrt{2}} \\ \tan 45° &= 1 \end{aligned}\right\} \tag{1.61}$$

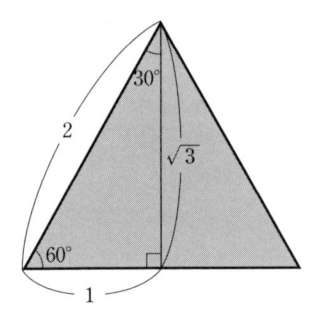

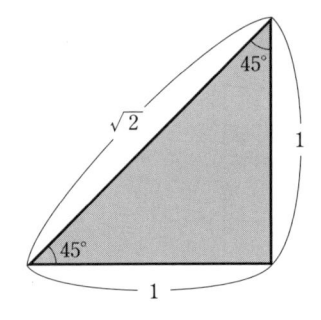

図 1.13 2種類の直角三角形

また，

$$\left. \begin{array}{l} \dfrac{1}{\sin\theta}=\operatorname{cosec}\theta \\ \dfrac{1}{\cos\theta}=\sec\theta \\ \dfrac{1}{\tan\theta}=\cot\theta \end{array} \right\} \tag{1.62}$$

という表現も用いられます．コセカント，セカント，コタンジェントと読みます．

さらに，$\sin^{-1}a$，$\cos^{-1}a$，$\tan^{-1}a$ と記述される関数を逆三角関数といいます．アークサイン，アークコサイン，アークタンジェントと読みます．a は適当な実数値です．たとえば $\theta=\tan^{-1}a$ は，タンジェントの値が a となるような角度 θ という意味です．すなわち，三角関数の値が先にわかっていてその値に対応する角度 θ を求めるときの表現に使われます．$\sin^{-1}a$ と $\tan^{-1}a$ については $|\theta|\leq\dfrac{\pi}{2}$ の角度が，また $\cos^{-1}a$ については $0\leq\theta\leq\pi$ の角度が対応します．この θ のことを主値といいます．

❶-❽ 三角関数のグラフ

ここで三角関数のグラフについて説明します．まず正弦波（$\sin\theta$）と余弦波（$\cos\theta$）です．θ を 0 から 2π（360°）まで変化させたときの正弦および余弦は値

が ±1 の範囲で図 1.14 のように変化します。2π（360°）以上ではこの波形の繰り返しになります。三角形の図からでは θ の範囲は 0 から $\frac{\pi}{2}$ までしか考えにくいのですが，角度 θ が大きいときは図 1.15 のように考えます。

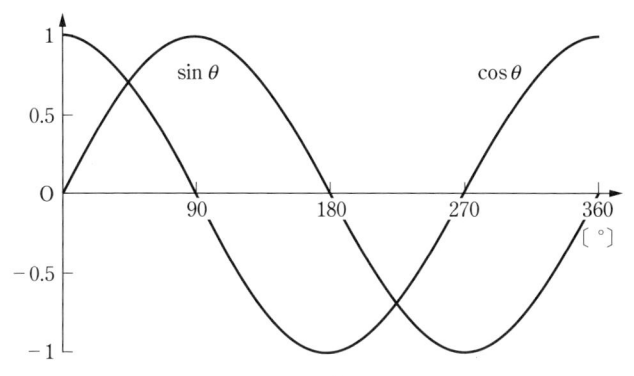

図 1.14 正弦波・余弦波のグラフ

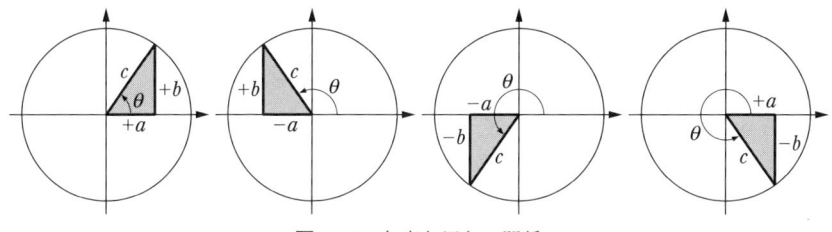

図 1.15 角度と辺との関係

　三角関数は関数の値が波のように変動していることから正弦波，余弦波というよび方をします。このような一定の間隔で繰り返す関数を周期関数とよびます。正弦波も余弦波も θ の値が 2π ごとに繰り返す周期関数です。正弦波と余弦波は θ が $\frac{\pi}{2}$（90°）ずれているだけでまったく同じ関数です。

　独立変数の θ の表記はもちろん，x を用いて $\sin x$, $\cos x$ としてもかまいません。関数形として書くときには $f(x) = \sin x$, $f(x) = \cos x$ と表記する方が一般的でしょう。あるいは独立変数を時間の経過で考える場合には $\sin \omega t$, $\cos \omega t$ とす

ることもあります。むしろ工学では $\sin \omega t$, $\cos \omega t$ と用いることがほとんどです。このとき物理的な意味を考えれば ωt が角度 θ に相当しているわけですから $\omega t = \theta$ 〔rad〕です。t は時間で単位は秒〔s〕ですから ω の単位は〔rad/s〕となります。この ω のことを角速度とか角周波数とよびます。

次に正接（$\tan \theta$）のグラフを図1.16に示します。正接は正弦や余弦とは全く異なった特徴があります。第1に正接では $\theta = \dfrac{\pi}{2}$（90°）のときに値が存在しないのです。このことは正接の最初の定義の式に戻れば理解できます。$\tan \theta = \dfrac{b}{a}$ で θ が $\dfrac{\pi}{2}$ の場合は $a=0$ ですから正接の値が ∞ なのです。また図1.15で θ が $\dfrac{\pi}{2}$ より大きくなれば a の値が負になり正接の値も負にもなります。

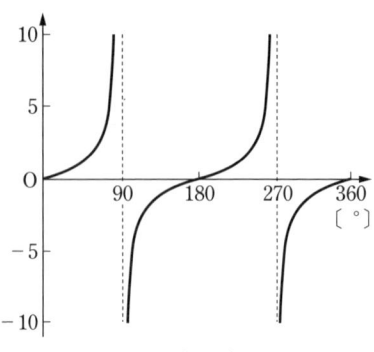

図1.16 正接（$\tan \theta$）のグラフ

特徴の第2は正接も周期関数ですが周期が 2π ではなく π で繰り返します。

例題 1.28

$\theta = 135$〔°〕のとき，$\sin \theta$, $\cos \theta$, $\tan \theta$ を求めよ。

解答 図1.15から $\theta = 135$〔°〕のとき $a=-1$, $b=1$, $c=\sqrt{2}$ です。したがって，

$$\sin \theta = \frac{1}{\sqrt{2}}, \quad \cos \theta = -\frac{1}{\sqrt{2}}, \quad \tan \theta = -1$$

❶-❾ 三角関数の公式

❶ 三角関数の基本公式

(1.59)式の定義から

$$\tan \theta = \frac{\sin \theta}{\cos \theta} \tag{1.63}$$

です。また，三角関数の公式でもっとも有名なものは，

$$\sin^2\theta + \cos^2\theta = 1 \tag{1.64}$$

でしょう。この式は，ピタゴラスの定理（三平方の定理）と同じです（例題1.29）。さらに，次式が成り立ちます。

$$1 + \tan^2\theta = \sec^2\theta \tag{1.65}$$

例題 1.29
(1.63)式を証明せよ。

解答 直角三角形において(1.59)式から，
$$a = c\cos\theta \quad , \quad b = c\sin\theta$$
です。これをピタゴラスの定理に代入して，
$$(c\cos\theta)^2 + (c\sin\theta)^2 = c^2$$
したがって，$\sin^2\theta + \cos^2\theta = 1$ となります。

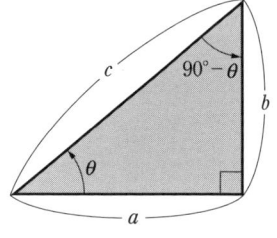

図1.17 直角三角形

次に，「三角形の内角の和はつねに180°である」という定理があります。どんな形状の三角形を描いても3つの角の和はつねに180°になるのです。

このことを使えば直角三角形の場合，直角以外の1つの角をθとすれば，残りのもう1つの角は$\left(\dfrac{\pi}{2}-\theta\right)$です。したがって，

$$\cos\theta = \frac{a}{c} = \sin\left(\frac{\pi}{2}-\theta\right) \quad , \quad \sin\theta = \frac{b}{c} = \cos\left(\frac{\pi}{2}-\theta\right) \tag{1.66}$$

❷ 加法定理

三角関数の公式の基本は何といっても加法定理です。証明は例題1.30に示しますが，(1.66)式は完全に覚える必要があります。

$$\left.\begin{array}{l}\sin(\alpha+\beta) = \sin\alpha\cos\beta + \cos\alpha\sin\beta \\ \sin(\alpha-\beta) = \sin\alpha\cos\beta - \cos\alpha\sin\beta \\ \cos(\alpha+\beta) = \cos\alpha\cos\beta - \sin\alpha\sin\beta \\ \cos(\alpha-\beta) = \cos\alpha\cos\beta + \sin\alpha\sin\beta \\ \tan(\alpha+\beta) = \dfrac{\tan\alpha+\tan\beta}{1-\tan\alpha\cdot\tan\beta} \\ \tan(\alpha-\beta) = \dfrac{\tan\alpha-\tan\beta}{1+\tan\alpha\cdot\tan\beta}\end{array}\right\} \tag{1.67}$$

加法定理で $\beta=\alpha$ と置けば倍角の公式が得られます。

$$\sin 2\alpha = 2\sin\alpha\cos\alpha$$
$$\cos 2\alpha = \cos^2\alpha - \sin^2\alpha = 2\cos^2\alpha - 1 = 1 - 2\sin^2\alpha \tag{1.68}$$

また，$\beta=2\alpha$ とおけば3倍角の公式です。

$$\left.\begin{array}{l}\sin 3\alpha = 3\sin\alpha - 4\sin^3\alpha \\ \cos 3\alpha = 4\cos^3\alpha - 3\cos\alpha\end{array}\right\} \tag{1.69}$$

半角の公式は cos についての倍角の公式から得られます。

$$\begin{array}{ll}\sin^2\alpha = \dfrac{1-\cos 2\alpha}{2} & \sin^2\dfrac{\alpha}{2} = \dfrac{1-\cos\alpha}{2} \\ \cos^2\alpha = \dfrac{1+\cos 2\alpha}{2} \quad\Rightarrow\quad & \cos^2\dfrac{\alpha}{2} = \dfrac{1+\cos\alpha}{2}\end{array} \tag{1.70}$$

積を和に変換する公式は加法定理の両辺の加減で得られます。

$$\left.\begin{array}{l}\sin\alpha\cos\beta = \dfrac{1}{2}\{\sin(\alpha+\beta)+\sin(\alpha-\beta)\} \\ \cos\alpha\sin\beta = \dfrac{1}{2}\{\sin(\alpha+\beta)-\sin(\alpha-\beta)\} \\ \cos\alpha\cos\beta = \dfrac{1}{2}\{\cos(\alpha+\beta)+\cos(\alpha-\beta)\} \\ \sin\alpha\sin\beta = \dfrac{1}{2}\{\cos(\alpha-\beta)-\cos(\alpha+\beta)\}\end{array}\right\} \tag{1.71}$$

また，和差を積に換える変換公式は (1.70) 式で，

$$\begin{array}{l}\alpha+\beta=A \\ \alpha-\beta=B\end{array} \quad\Rightarrow\quad \begin{array}{l}\alpha=\dfrac{A+B}{2} \\ \beta=\dfrac{A-B}{2}\end{array} \tag{1.72}$$

と置くことにより得られます。

$$\left.\begin{array}{l}\sin A + \sin B = 2\sin\dfrac{A+B}{2}\cos\dfrac{A-B}{2} \\ \sin A - \sin B = 2\cos\dfrac{A+B}{2}\sin\dfrac{A-B}{2} \\ \cos A + \cos B = 2\cos\dfrac{A+B}{2}\cos\dfrac{A-B}{2} \\ \cos A - \cos B = -2\sin\dfrac{A+B}{2}\sin\dfrac{A-B}{2}\end{array}\right\} \tag{1.73}$$

例題 1.30
オイラーの公式を用いて加法定理(1.67)式を証明せよ。

解答 オイラーの公式から,
$$e^{i\alpha} = \cos\alpha + i\sin\alpha \quad, \quad e^{i\beta} = \cos\beta + i\sin\beta$$
として,この2つの式を掛け合わせます。左辺は指数関数の積になって,
$$e^{i\alpha} \cdot e^{i\beta} = e^{i(\alpha+\beta)}$$
です。この指数関数に再びオイラーの公式を適用すると,
$$e^{i(\alpha+\beta)} = \cos(\alpha+\beta) + i\sin(\alpha+\beta)$$
です。右辺は,
$$(\cos\alpha + i\sin\alpha)(\cos\beta + i\sin\beta) = (\cos\alpha\cos\beta - \sin\alpha\sin\beta)$$
$$+ i(\sin\alpha\cos\beta + \cos\alpha\sin\beta)$$
ここで,実数部,虚数部がそれぞれ等しいと置いて,
$$\cos(\alpha+\beta) = \cos\alpha\cos\beta - \sin\alpha\sin\beta$$
$$\sin(\alpha+\beta) = \sin\alpha\cos\beta + \cos\alpha\sin\beta$$
が得られます。$\beta = -\beta$ とおけば残りの公式が得られます。

❸ 正弦定理・余弦定理

ここまでに学んだことのほかに重要な三角関数の公式として正弦定理と余弦定理があります。図 1.18 の三角形において,

$$\frac{a}{\sin A} = \frac{b}{\sin B} = \frac{c}{\sin C} \tag{1.74}$$

を正弦定理といいます(証明は例題 1.34)。また,

$$\left.\begin{array}{l} a^2 = b^2 + c^2 - 2bc\cos A \\ b^2 = c^2 + a^2 - 2ca\cos B \\ c^2 = a^2 + b^2 - 2ab\cos C \end{array}\right\} \tag{1.75}$$

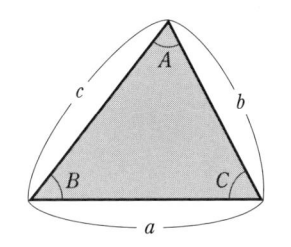

図 1.18 正弦定理・余弦定理

を余弦定理といいます(証明は例題 1.35)。余弦定理で $\angle A$,$\angle B$,$\angle C$ のいずれかが直角だった場合がピタゴラスの定理になっているのです。

❹ 三角関数の合成

$$y = a\sin x + b\cos x$$

という形の関数が出てきたとき，工学ではしばしばこの関数を加法定理を使って1つの三角関数に合成するという操作を行います。振動問題などでよく使われる変形です。

$$a \sin x + b \cos x = \sqrt{a^2+b^2}\left(\frac{a}{\sqrt{a^2+b^2}}\sin x + \frac{b}{\sqrt{a^2+b^2}}\cos x\right)$$

$$=\sqrt{a^2+b^2}\sin(x+\alpha) \quad \text{ただし，} \alpha = \tan^{-1}\left(\frac{b}{a}\right) \quad (1.76)$$

と変形することができます。

変形の要領は，まず2つの振幅 a，b から合成関数の振幅 $\sqrt{a^2+b^2}$ をつくり，

$$a \sin x + b \cos x = \sqrt{a^2+b^2}\left(\frac{a}{\sqrt{a^2+b^2}}\sin x + \frac{b}{\sqrt{a^2+b^2}}\cos x\right)$$

と変形します。ここで（ ）内を加法定理の，

$$\sin(x+\alpha) = \sin x \cos \alpha + \cos x \sin \alpha$$

に一致するように考えます。すなわち，

$$\frac{a}{\sqrt{a^2+b^2}} = \cos \alpha, \quad \frac{b}{\sqrt{a^2+b^2}} = \sin \alpha$$

(1.77)

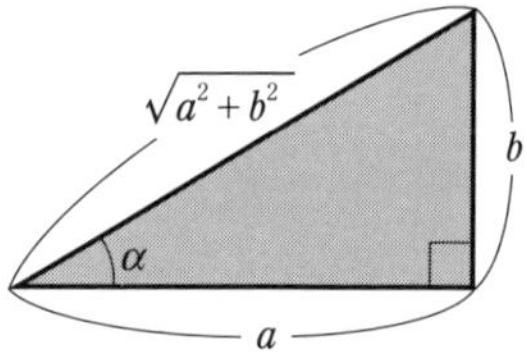

となるような角度 α を探してくれば，

$$a \sin x + b \cos x$$
$$= \sqrt{a^2+b^2}(\sin x \cos \alpha + \cos x \sin \alpha)$$
$$= \sqrt{a^2+b^2}\sin(x+\alpha)$$

図 1.19 合成角 α

と変形できるわけです。この角度 α は，2つの振幅 a，b で作った直角三角形から得ることができます。すなわち，

$$\alpha = \tan^{-1}\left(\frac{b}{a}\right)$$

なのです。

例題 1.31

$0 \leq \theta < 2\pi$ のとき不等式 $2 \sin^2 \theta - \cos \theta - 1 > 0$ を解け。

解答 (1.64)式の $\sin^2 \theta + \cos^2 \theta = 1$ から $\sin^2 \theta = 1 - \cos^2 \theta$ となり，

$$2(1-\cos^2 \theta) - \cos \theta - 1 > 0$$

となります。すべて右辺に移項すれば，

$$2\cos^2\theta + \cos\theta - 1 < 0$$

です。ここで，$\cos\theta = X$ とおけば，

$$2X^2 + X - 1 < 0$$

となり，これは2次の不等式です。
(1.14)式を使って左辺を因数分解すれば，

$$(2X-1)(X+1) < 0$$

となり，$-1 < X < \dfrac{1}{2}$ です。

ここで X を元に戻せば，

$$-1 < \cos\theta < \dfrac{1}{2}$$

です。この不等式に対応する θ の範囲は，

$$\dfrac{\pi}{3} < \theta < \dfrac{5\pi}{3} \quad \text{ただし，} \theta \neq \pi$$

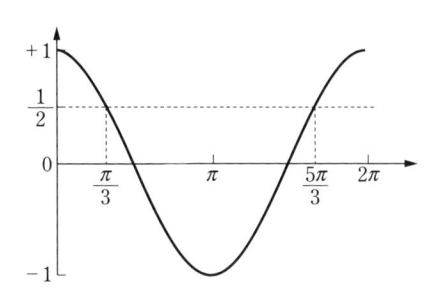

となります。最後の θ の範囲を求めるところは $\cos\theta$ の概略のグラフを描いて確認します。このとき，(1.60)，(1.61)式はつねに憶えておく必要があります。

例題 1.32

$0 \leq x \leq \dfrac{\pi}{2}$ のとき $2\sin x + \cos x$ の最大値と最小値を求めよ。

解答 (1.76)式を使って合成することを考えます。

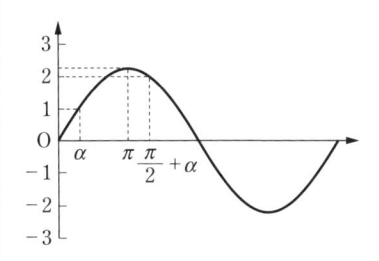

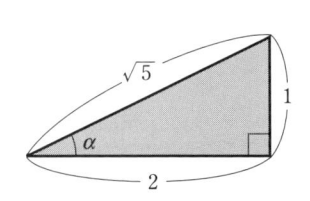

$$2\sin x + \cos x = \sqrt{2^2+1}\left(\frac{2}{\sqrt{5}}\sin x + \frac{1}{\sqrt{5}}\cos x\right)$$
$$= \sqrt{5}(\sin x \cos\alpha + \cos x \sin\alpha)$$
$$= \sqrt{5}\sin(x+\alpha)$$

ただし，α は $\sin\alpha = \frac{1}{\sqrt{5}}$, $\cos\alpha = \frac{2}{\sqrt{5}}$ となる $0 < \alpha < \frac{\pi}{4}$ の角度です（$\tan\alpha = \frac{1}{2}$ だから $\alpha < \frac{\pi}{4}$）。題意から $0 \leq x \leq \frac{\pi}{2}$ ですから，$x+\alpha$ の範囲は，$\alpha \leq x+\alpha \leq \frac{\pi}{2}+\alpha$ です。したがって，

$$x+\alpha = \frac{\pi}{2} \text{ のとき } \left(x=\frac{\pi}{2}-\alpha\right) \quad \text{最大値 } \sqrt{5}$$

$$x+\alpha = \alpha \text{ のとき } (x=0) \quad \text{最小値 } 1$$

です。最小値については $\sin\alpha$ と $\sin\left(\frac{\pi}{2}+\alpha\right)$ を比較して小さい方を選びます。ここでは $\tan\alpha = \frac{1}{2}$ だから $\alpha < \frac{\pi}{4}$ で，したがって $\sin\alpha$ の方が小さくなります。

例題 1.33

$\cos\theta + \cos 3\theta = 0$ を解け（$\theta > 0$）。

解答　$\cos 3\theta = -\cos\theta = \cos(\pi-\theta)$

です。したがって，

$$3\theta = \pi - \theta + 2n\pi \quad \text{ただし，} n \text{ は整数}$$

となります。$2n\pi$ は $\cos$ が周期 2π の周期関数だからです。したがって，

$$\theta = \frac{\pi}{4} + \frac{1}{2}n\pi$$

です。この問題では $\cos\theta = -\cos(\pi-\theta)$, $\cos\theta = \cos(\theta+2n\pi)$ という関係を使っています。同様に，$\sin\theta = \sin(\pi-\theta)$, $\sin\theta = \sin(\theta+2n\pi)$ という関係もあります。これらの関係式は憶えるというより，必要が発生したときに正弦波，余弦波のグラフの概略を描いて，その都度符号を確認する方が良いでしょう。

例題 1.34

正弦定理(1.74)式を証明せよ。

解答 三角形 ABC において対応する辺の長さを a, b, c とする。頂点 A および B から垂線を下ろしてそれぞれ D, E とすれば,

$$AD = c \sin B = b \sin C$$

$$\Rightarrow \quad \frac{b}{\sin B} = \frac{c}{\sin C}$$

$$BE = a \sin C = c \sin A$$

$$\Rightarrow \quad \frac{a}{\sin A} = \frac{c}{\sin C}$$

したがって,

$$\frac{a}{\sin A} = \frac{b}{\sin B} = \frac{c}{\sin C}$$

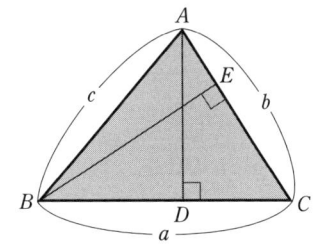

例題 1.35

余弦定理(1.75)式を証明せよ。

解答 三角形 ABC において頂点 A から辺 BC に垂線を下ろし D とする。このとき, $CD = b \cos C$, $AD = b \sin C$ です。ここで直角三角形 ABD にピタゴラスの定理を用いれば,

$$c^2 = (b \sin C)^2 + (a - b \cos C)^2$$

したがって,

$$c^2 = a^2 + b^2 - 2ab \cos C$$

です。ほかも同様に証明することができます。

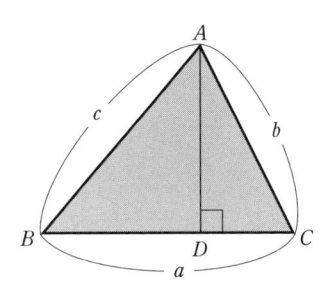

第1章 練習問題

❶ 次の関数を実数の範囲で部分分数に展開せよ。

(1) $\dfrac{x^2+10x-15}{x^3-2x^2-x+2}$ 　　(2) $\dfrac{1}{(x+1)^2(x^2+x+1)}$

❷ 実数を係数とする3次方程式 $x^3+ax^2+bx+2=0$ の1つの解が $1+i$ のとき a, b の値を求めよ。

❸ 次の連立方程式を解け。
$$\begin{cases} 8\cdot 3^x - 3^y = -27 \\ \log_2(x+1) - \log_2(y+3) = -1 \end{cases}$$

❹ $\tan x = t$ のとき，$\sin 2x$, $\cos 2x$ を t で表せ。

❺ $0 \leq x \leq \pi$ のとき $f(x) = \sin^2 x + 2\sqrt{3}\sin x \cos x - \cos^2 x + 1$ の最大値とそのときの x を求めよ。

第2章 微分・積分

2-1 極限

　微分・積分はそれ自体でも工学においてさまざまに有用です。しかし，微分・積分のもっとも本質的な利用価値は微分方程式にあるといってもいいのではないでしょうか。微分方程式は理工学において理論的な根拠をなすことが多いのです。この微分方程式が微分の代表的な応用例であり，微分方程式を解くということは詰まるところ積分することなのです。

　そこで，微分の説明に入る順序として，まず極限という考え方について説明しておく必要があります。微分は極限の考え方を用いて定義されているからです。

　極限には数列の極限と関数の値の極限という考え方があります。微分の定義で使われているのは関数の値の極限ですが，まず数列の極限から簡単に説明しておきましょう。

　自然数 $n=1, 2, 3, \cdots$ に対し，あるルールに基づいて $a_1, a_2, a_3, \cdots$ という数が対応しているとき，$a_1, a_2, a_3, \cdots$ を数列（Sequence）といい $\{a_n\}$ で表します。

例題 2.1

$a_n = n$ で表現される数列 $\{a_n\}$ はどのような数列か。

解答 $\{a_n\} = \{1, 2, 3, \cdots, n\}$ ですから，この数列は自然数を意味します。

同様に $a_n = 2n$ であれば偶数の全体を，$a_n = 2n-1$ であれば奇数全体を表す数列です。

例題 2.2

$a_n = \left(1 + \dfrac{1}{n}\right)^n$ で表現される数列 $\{a_n\}$ はどのような数列か。

解答　この数列は直感的にはわかりにくいので $n = 1, 2, 3, \cdots$ とあてはめてみます。

$n = 1$ のとき　　$\left(1 + \dfrac{1}{1}\right)^1 = 2$

$n = 2$ のとき　　$\left(1 + \dfrac{1}{2}\right)^2 = 1.5^2 = 2.25$

$n = 3$ のとき　　$\left(1 + \dfrac{1}{3}\right)^3 = 1.\dot{3}^3 = 2.37\cdots$

です。すなわち，$n = 1, 2, 3, 4, 5, 6, \cdots$ に対して，

$\{a_n\} = \{2, 2.25, 2.37, 2.44, 2.49, 2.52, \cdots\}$

と単調に増加していく数列です。

この例題 2.2 のような数列で $n \to \infty$ にしたときの a_n の値という意味で，

$$\lim_{n \to \infty} \left(1 + \dfrac{1}{n}\right)^n \tag{2.1}$$

と書きます。記号 lim は極限（limit）の省略形です。なお，この数列の極限値は自然対数の底と呼ばれる $e = 2.718281828459\cdots$ です。すなわち，

$$\lim_{n \to \infty} \left(1 + \dfrac{1}{n}\right)^n = e \tag{2.2}$$

なのです。この数列が極限値をもつことはスイスの数学者オイラー（Euler）によって初めて証明されました。e という表記はオイラーの頭文字だといわれています。本書では(2.2)式を証明なしで使うことにします。

次に関数の値の極限について考えて見ましょう。関数 $f(x)$ において x を限りなくある値 a に接近させた場合の関数の値のことを，

$$\lim_{x \to a} f(x) \tag{2.3}$$

と表記します。この値は一般には $f(a)$ になりますが，$f(a)$ にならない場合もあります。

例題 2.3

$f(x) = \dfrac{1}{x}$ について $x \to 0$ の極限値を求めよ。

解答 この例ではもちろん，
$$\lim_{x \to 0} f(x) = f(0)$$
と表記することはできません。また，関数 $f(x)$ のグラフから，$x \to 0$ にしても，正の方から接近する場合と負の方から接近する場合とでは極限値が異なることがわかります。
したがって，この場合は，

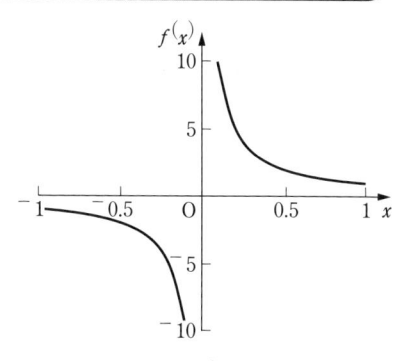

図 2.1 $y = \dfrac{1}{x}$ のグラフ

$$\lim_{x \to +0} \frac{1}{x} = +\infty \quad , \quad \lim_{x \to -0} \frac{1}{x} = -\infty$$

と記述します。+0 は正の方から，−0 は負の方からという意味の表記です。

極限値の計算では以下の公式が成り立ちます。

$$\lim_{x \to a} k f(x) = k \lim_{x \to a} f(x) \qquad k \text{ は定数} \tag{2.4}$$

$$\lim_{x \to a} \{f(x) \pm g(x)\} = \lim_{x \to a} f(x) \pm \lim_{x \to a} g(x) \tag{2.5}$$

$$\lim_{x \to a} f(x) g(x) = \lim_{x \to a} f(x) \lim_{x \to a} g(x) \tag{2.6}$$

$$\lim_{x \to a} \frac{g(x)}{f(x)} = \frac{\displaystyle\lim_{x \to a} g(x)}{\displaystyle\lim_{x \to a} f(x)} \tag{2.7}$$

ところが，関数の極限で少し厄介な問題があります。たとえば，

$$\lim_{x \to a} \frac{g(x)}{f(x)} = \frac{0}{0} \quad , \quad \lim_{x \to a} \frac{g(x)}{f(x)} = \frac{\infty}{\infty} \tag{2.8}$$

のようになる場合です。これらの形は不定形とよばれていて，この極限値を安易に 1 などとしてはいけません。この不定形に対してはロピタルの定理とよばれる公式が準備されていますが，その公式はこれから説明する微分を用いて定義されていますから，微分の説明が済んでからにしましょう。結果だけを記しておけ

ば，(2.8)式の形の不定形になった場合は，

$$\lim_{x \to a} \frac{g(x)}{f(x)} = \lim_{x \to a} \frac{g'(x)}{f'(x)} \tag{2.9}$$

で計算することができるのです。ここで $f'(x)$ や $g'(x)$ が関数 $f(x), g(x)$ の微分を表しています。これをロピタルの定理といいます。ロピタルの定理は $x \to 0$ でも $x \to \infty$ の場合でも問題ありません。これでもまだ不定形になる場合にはさらに連続して 2 次微分，3 次微分と不定形が解消されるまで連続して計算して良いのです。また，$\infty - \infty, \infty \cdot 0, \infty^0$ なども不定形です。このままでは極限値は求まりませんから何らかの工夫が必要になります。例題を参考にしてください。

極限の問題で次の 5 個の式は重要な公式です。

$$\lim_{x \to \infty} \left(1 + \frac{1}{x}\right)^x = e \tag{2.10}$$

$$\lim_{x \to 0} (1+x)^{\frac{1}{x}} = e \tag{2.11}$$

$$\lim_{x \to 0} \frac{\sin x}{x} = 1 \tag{2.12}$$

$$\lim_{x \to 0} \frac{\log_e(1+x)}{x} = 1 \tag{2.13}$$

$$\lim_{x \to 0} \frac{e^x - 1}{x} = 1 \tag{2.14}$$

(2.10)式で変数 x は実数ですが，自然数による数列(2.2)式の場合と同じで極限値は $e = 2.718281828459\cdots$ となります。また(2.11)式は(2.10)式で $x \to \frac{1}{x}$ に変換した形です。(2.12)式から(2.14)式はいずれも不定形です。(2.12)式は幾何学的にも証明することができますが（参考文献 1，P.30 参照），微分を学習したあとロピタルの定理を用いれば良いでしょう。

例題 2.4

(2.2)式を用いて(2.10)式を証明せよ。

解答　任意の実数 $x > 0$ を選ぶと $n \leq x < n+1$ となる自然数 n が存在し，

$$\frac{1}{n+1} < \frac{1}{x} \leq \frac{1}{n}$$

です。したがって，
$$1+\frac{1}{n+1}<1+\frac{1}{x}\leq 1+\frac{1}{n}$$
$$\left(1+\frac{1}{n+1}\right)^n<\left(1+\frac{1}{x}\right)^x<\left(1+\frac{1}{n}\right)^{n+1}$$
が成り立ちます。さらに少し変形して，
$$\left(1+\frac{1}{n+1}\right)^{n+1}\left(1+\frac{1}{n+1}\right)^{-1}<\left(1+\frac{1}{x}\right)^x<\left(1+\frac{1}{n}\right)^n\left(1+\frac{1}{n}\right)$$
です。$x\to\infty$ のとき $n\to\infty$ ですから，この不等式の両端の $n\to\infty$ のときの極限値は(2.2)式から e になります。したがって，任意の実数 $x>0$ に対して，
$$\lim_{x\to\infty}(1+\frac{1}{x})^x=e$$

例題 2.5

$\displaystyle\lim_{x\to\infty}\frac{x+1}{x-1}$ の極限値を求めよ。

解答
$$\lim_{x\to\infty}\frac{x+1}{x-1}=\lim_{x\to\infty}\frac{1+\dfrac{1}{x}}{1-\dfrac{1}{x}}=1$$

例題 2.6

$\displaystyle\lim_{x\to\infty}(\sqrt{x^2+x+1}-\sqrt{x^2+1})$ の極限値を求めよ。

解答
$$\lim_{x\to\infty}(\sqrt{x^2+x+1}-\sqrt{x^2+1})$$
$$=\lim_{x\to\infty}(\sqrt{x^2+x+1}-\sqrt{x^2+1})\frac{\sqrt{x^2+x+1}+\sqrt{x^2+1}}{\sqrt{x^2+x+1}+\sqrt{x^2+1}}$$
$$=\lim_{x\to\infty}\frac{x}{\sqrt{x^2+x+1}+\sqrt{x^2+1}}=\lim_{x\to\infty}\frac{1}{\sqrt{1+\dfrac{1}{x}+\dfrac{1}{x^2}}+\sqrt{1+\dfrac{1}{x^2}}}=\frac{1}{2}$$

この例は $\infty-\infty$ の不定形の例です。この解法を分子の有理化といいます。

例題 2.7

$\lim_{x \to 0} \dfrac{x}{\tan x}$ の極限値を求めよ。

解答 (2.12)式を使って求めると以下となります。

$$\lim_{x \to 0} \frac{x}{\tan x} = \lim_{x \to 0} \frac{x \cos x}{\sin x} = \lim_{x \to 0} \frac{\cos x}{\dfrac{\sin x}{x}} = 1$$

例題 2.8

$\lim_{x \to 0} \dfrac{\log_e(1+x)}{x} = 1$ を確認せよ。

解答 (2.11)式を使って求めると以下となります。

$$\lim_{x \to 0} \frac{\log_e(1+x)}{x} = \lim_{x \to 0} \frac{1}{x} \log_e(1+x) = \lim_{x \to 0} \log_e (1+x)^{\frac{1}{x}} = \log_e e = 1$$

例題 2.9

$\lim_{x \to 0} \dfrac{e^x - 1}{x} = 1$ を確認せよ。

解答 例題 2.8 で $z = \log_e(1+x)$ とおけば，$e^z = 1 + x$，$e^z - 1 = x$ です。また，$x \to 0$ のとき $z \to 0$ だから，例題 2.8 の左辺を変形すれば，

$$\lim_{x \to 0} \frac{\log_e(1+x)}{x} = \lim_{z \to 0} \frac{z}{e^z - 1} = \lim_{z \to 0} \frac{1}{\dfrac{e^z - 1}{z}}$$

です。この極限値が例題 2.8 の結果から 1 ですから，

$$\lim_{z \to 0} \frac{e^z - 1}{z} = 1$$

となります。この式における z は新たに x と書きあらためても問題ありませんから，問題式は証明されたことになります。

例題 2.10

$\lim_{x \to 0} \dfrac{a^x - 1}{x} = \log_e a$ を確認せよ。

解答 $x \to 0$ のとき $a^x \to 1$ ですから，
$$a^x = 1 + y$$
と置けば，$x \to 0$ のとき $y \to 0$ です。そこでこの両辺の対数を取って，
$$x \log_e a = \log_e(1 + y)$$
だから，
$$\lim_{x \to 0} \frac{a^x - 1}{x} = \lim_{y \to 0} \frac{y}{\dfrac{\log_e(1+y)}{\log_e a}} = \log_e a \cdot \lim_{y \to 0} \frac{1}{\dfrac{\log_e(1+y)}{y}} = \log_e a$$
です。例題 2.8 の結果を使っています。

例題 2.11

$\lim_{x \to \infty} \left(1 + \dfrac{a}{x}\right)^x = e^a$ を確認せよ（ただし，$a \neq 0$）。

解答 $z = \dfrac{x}{a}$ とおけば，$x \to \infty$ のとき $z \to \infty$ だから，
$$\lim_{x \to \infty} \left(1 + \frac{a}{x}\right)^x = \lim_{z \to \infty} \left\{\left(1 + \frac{1}{z}\right)^z\right\}^a = e^a$$

例題 2.12

$\lim_{x \to \infty} x(x - \sqrt{x^2 - a^2})$ の極限値を求めよ。

解答
$$\lim_{x \to \infty} x(x - \sqrt{x^2 - a^2}) = \lim_{x \to \infty} x(x - \sqrt{x^2 - a^2}) \frac{x + \sqrt{x^2 - a^2}}{x + \sqrt{x^2 - a^2}}$$
$$= \lim_{x \to \infty} \frac{xa^2}{x + \sqrt{x^2 - a^2}} = \lim_{x \to \infty} \frac{a^2}{1 + \sqrt{1 - \left(\dfrac{a}{x}\right)^2}} = \frac{a^2}{2}$$

> **例題 2.13**
> $\lim_{x \to 0} \dfrac{\tan^{-1} x}{x}$ の極限値を求めよ。

解答 $y = \tan^{-1} x$ とおくと，$x = \tan y$ で $x \to 0$ のとき $y \to 0$ です。

$$\lim_{x \to 0} \frac{\tan^{-1} x}{x} = \lim_{y \to 0} \frac{y}{\tan y} = \lim_{y \to 0} \frac{y}{\frac{\sin y}{\cos y}} = \lim_{y \to 0} \frac{\cos y}{\frac{\sin y}{y}} = 1$$

❷-❷ 微分

　ここから本題の微分です。まず，微分という演算の記号から説明しましょう。この微分の記号が少しいかめしい形をしていることも微分が嫌われる1つの理由かも知れません。しかし，記号は記号に過ぎません。微分の記号は $\dfrac{df(x)}{dx}$ と書きます。$\dfrac{d}{dx}$ が関数 $f(x)$ を独立変数 x で微分する演算の記号だと考えてください。$\dfrac{df(x)}{dx}$ や $\dfrac{d}{dx} f(x)$ と書くこともありますし，簡単に $f'(x)$ あるいは $\dot{f}(x)$ と略記することもあります。また，関数 $f(x)$ を2回連続して微分する場合は $\dfrac{d^2 f(x)}{dx^2}$ であり，簡単に $f''(x)$ あるいは $\ddot{f}(x)$ と記述します。この微分の記号が加減乗除の記号に比べて少し複雑なため最初は敬遠されるのかも知れませんが，複雑であっても微分という演算を意味する記号に過ぎません。関数の表現がもし $y = f(x)$ であればこの関数の微分は $\dfrac{dy}{dx}$ でも良いのです。

　微分の記号で d は微分（derivative）の d であり，微小量という意味を含んでいます。$df(x)$ や dx の意味は以下の説明で分かります。ここでは関数 $f(x)$ の独立変数が x だから微分記号が $\dfrac{d}{dx}$ になっていますが，もし時間 t の関数の場合には関数 $f(t)$ を時間 t で微分することになりますから $\dfrac{df(t)}{dt}$ や $\dfrac{d}{dt} f(t)$ となります。また関数の表現は $g(x)$ でも $h(x)$ でもかまいません。そのときの微分は

$\dfrac{dg(x)}{dx}$ や $\dfrac{dh(x)}{dx}$ となるだけです。工学では一般に時間 t の関数を取り扱うことが多いので $\dfrac{dg(t)}{dt}$ や $\dfrac{dh(t)}{dt}$ という表現を目にすることが多くなるでしょう。

そこで微分の定義式を示しておきます。

$$\dfrac{df(x)}{dx} = \lim_{h \to 0} \dfrac{f(x+h) - f(x)}{h} \tag{2.15}$$

左辺は関数 $f(x)$ を独立変数 x で微分するという記号に過ぎません。$f'(x)$ と書いても $\dot{f}(x)$ でもかまいません。大切なのは右辺です。右辺が微分の定義式なのです。h を限りなく 0 に接近させた場合の $\dfrac{f(x+h) - f(x)}{h}$ が取る極限値という意味です。そこで図 2.2 を見てください。

図 2.2 に示した 2 次曲線は関数 $f(x)$ の 1 つの例です。横軸は独立変数 x で，縦軸は関数 $f(x)$ の値です。今，独立変数がある値 $x = x_1$ のところで考えてみましょう。このときの関数 $f(x)$ の値は $f(x_1)$ です。次に，x が x_1 から h だけ大きくなった $x = x_1 + h$ のところを考えてみましょう。この点における関数の値は $f(x_1 + h)$ です。したがって，独立変数が x_1 から h だけ大きくなったときの関数の値の増分は $f(x_1 + h) - f(x_1)$ です。同様に分母の h は独立変数 x の増分を表しています。すなわち，微分の定義式は独立変数の値の増分と関数の値の増分の比を表していますから，その幾何学的な意味は $f(x_1)$ と $f(x_1 + h)$ の 2 点を結んだ直線の勾配ということになります。この直線は $h \to 0$ の極限では，点 x_1 における関数 $f(x)$ の接線になります。すなわち，微分は点 x_1 における関数 $f(x)$ の接線の傾きを表していることになるのです。

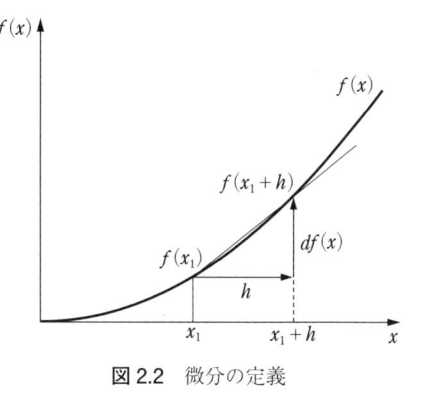

図 2.2 微分の定義

以上の説明では便宜上，独立変数 x をある点 x_1 に固定して考えました。しかし，この x_1 という点はどこに選んでもかまいません。また，選ばれた x_1 の位置でその点における接線の傾きはそれぞれに変化します。そこで点 x_1 を任意の点

x で考えることにすれば，その点 x における接線の傾きは，

$$\frac{df(x)}{dx} = \lim_{h \to 0} \frac{f(x+h) - f(x)}{h}$$

で表されることになります。この式が任意の点 x における関数 $f(x)$ の微分の定義式 (2.15) 式なのです。以上の内容から一般に「微分は勾配」といわれているわけです。関数 $f(x)$ を微分して得られた関数 $f'(x)$ のことを関数 $f(x)$ の導関数とよびます。

例題 2.14
$f(x) = x^2$ の導関数を定義式 (2.15) 式を用いて求めよ。

解答
$$\frac{df(x)}{dx} = \lim_{h \to 0} \frac{(x+h)^2 - x^2}{h} = \lim_{h \to 0} \frac{2hx + h^2}{h} = \lim_{h \to 0}(2x + h) = 2x$$

です。したがって，関数 $f(x) = x^2$ の微分は $f'(x) = 2x$ となります。

例題 2.15
$f(x) = x^3$ の導関数を定義式 (2.15) 式を用いて求めよ。

解答
$$\frac{df(x)}{dx} = \lim_{h \to 0} \frac{(x+h)^3 - x^3}{h} = \lim_{h \to 0} \frac{3x^2 h + 3xh^2 + h^3}{h} = 3x^2$$

例題 2.16
$f(x) = x^n$ の導関数を定義式 (2.15) 式を用いて求めよ。

解答
$$\frac{df(x)}{dx} = \lim_{h \to 0} \frac{(x+h)^n - x^n}{h}$$

(2.37) 式の 2 項定理により，

$$(x+h)^n = x^n + nx^{n-1}h + \frac{1}{2!}n(n-1)x^{n-2}h^2 + \cdots + nxh^{n-1} + h^n$$

したがって，

$$\frac{df(x)}{dx} = \lim_{h \to 0} \frac{(x+h)^n - x^n}{h} = nx^{n-1}$$

例題 2.17

$f(x) = \sin x$ の導関数を定義式(2.15)式を用いて求めよ。

解答
$$\frac{df(x)}{dx} = \lim_{h \to 0} \frac{\sin(x+h) - \sin x}{h}$$

ここで，三角関数の和・差を積に変換する公式(1.72)式，

$$\sin A - \sin B = 2 \cos \frac{A+B}{2} \sin \frac{A-B}{2}$$

と(2.12)式を用いて，

$$\frac{df(x)}{dx} = \lim_{h \to 0} \frac{2 \cos(x+\frac{h}{2}) \sin \frac{h}{2}}{h} = \lim_{h \to 0} \cos\left(x+\frac{h}{2}\right) \cdot \frac{\sin \frac{h}{2}}{\frac{h}{2}} = \cos x$$

です。

例題 2.18

$f(x) = \cos x$ の導関数を定義式(2.15)式を用いて求めよ。

解答
$$\frac{df(x)}{dx} = \lim_{h \to 0} \frac{\cos(x+h) - \cos x}{h} = \lim_{h \to 0} \frac{-2 \sin(x+\frac{h}{2}) \sin \frac{h}{2}}{h}$$
$$= -\sin x$$

です。ここでも(2.12)式を使っています。

例題 2.19

$f(x) = e^x$ の導関数を定義式(2.15)式を用いて求めよ。

解答
$$\frac{df(x)}{dx} = \lim_{h \to 0} \frac{e^{x+h} - e^x}{h} = e^x \lim_{h \to 0} \frac{e^h - 1}{h} = e^x$$

この結果からわかるように，指数関数 e^x は微分しても形が変わらない珍しい関数です。なお，極限の計算では(2.14)式を用いています。

例題 2.20

$f(x) = \log_e x$ の導関数を定義式 (2.15) 式を用いて求めよ。

解答

$$\frac{df(x)}{dx} = \lim_{h \to 0} \frac{\log_e(x+h) - \log_e x}{h} = \lim_{h \to 0} \frac{\log_e \frac{x+h}{x}}{h}$$

$$= \frac{1}{x} \lim_{h \to 0} \frac{\log_e(1 + \frac{h}{x})}{\frac{h}{x}} = \frac{1}{x}$$

です。なお，極限の計算では (2.13) 式を用いています。

例題 2.21

$f(x) = a^x$ の導関数を定義式 (2.15) 式を用いて求めよ。

解答

$$\frac{df(x)}{dx} = \lim_{h \to 0} \frac{a^{x+h} - a^x}{h} = a^x \lim_{h \to 0} \frac{a^h - 1}{h} = a^x \log_e a$$

なお，例題 2.10 の結果を用いています。

❷-❸ 微分の公式

　微分には定義式がありますが，実際にはいちいち定義式に戻って計算することはほとんどありません。初等関数とよばれる基本的な関数について定義式に基づいて導関数を求めたあとは，(2.16) から (2.22) 式の公式を使ってさまざまなの関数の導関数を求めます。以下，煩雑を避けるために微分記号として ′ も用いています。

① 関数の和・差の微分

$$\{f(x) \pm g(x)\}' = f'(x) \pm g'(x) \tag{2.16}$$

② 関数の積の微分

$$\{f(x)g(x)\}' = f'(x)g(x) + f(x)g'(x) \tag{2.17}$$

③ 関数の商の微分

$$\left\{\frac{f(x)}{g(x)}\right\}' = \frac{f'(x)g(x) - f(x)g'(x)}{g(x)^2} \tag{2.18}$$

④ 合成関数の微分（鎖の規則）

$$y = f(z), \quad z = g(x) \text{ のとき } \frac{dy}{dx} = \frac{dy}{dz}\frac{dz}{dx} \tag{2.19}$$

⑤ 対数微分

$$\frac{d}{dx}\log_e |f(x)| = \frac{f'(x)}{f(x)} \tag{2.20}$$

⑥ 逆関数の微分

$$y = f(x) \text{ の逆関数が } x = f^{-1}(y) \text{ のとき } \frac{dx}{dy} = \frac{1}{\frac{dy}{dx}} \tag{2.21}$$

⑦ 媒介変数表示の微分

$$y = f(t), \quad x = g(t) \text{ のとき } \frac{dy}{dx} = \frac{\frac{dy}{dt}}{\frac{dx}{dt}} \tag{2.22}$$

例題 2.22

$y = xe^x$ の導関数を求めよ。

解答 ②の例です。$f(x) = x, \quad g(x) = e^x$ とすれば，

$$\frac{dy}{dx} = f'(x)g(x) + f(x)g'(x) = 1 \cdot e^x + xe^x = e^x(x+1)$$

例題 2.23

$y = \dfrac{x-1}{x+1}$ の導関数を求めよ。

解答 ③の例です。

$$\frac{dy}{dx} = \frac{(x-1)'(x+1) - (x-1)(x+1)'}{(x+1)^2} = \frac{2}{(x+1)^2}$$

例題 2.24

$y = \tan x$ の導関数を求めよ。

解答 ③の例です。

$$\frac{dy}{dx} = \frac{d}{dx}\left(\frac{\sin x}{\cos x}\right) = \frac{\cos^2 x + \sin^2 x}{\cos^2 x} = \frac{1}{\cos^2 x} = \sec^2 x$$

例題 2.25

$y=a^x$ の導関数を求めよ。

解答 例題 2.21 と同じ問題です。ここでは④を適用して考えてみよう。$a^x = e^{x\log_e a}$ と書けます（両辺の対数を取って確認して下さい）。$z = x\log_e a$ と置けば $y = a^x = e^z$ だから、

$$\frac{dy}{dx} = \frac{dy}{dz}\frac{dz}{dx} = e^z \log_e a = a^x \log_e a$$

例題 2.26

$y=\sin^n x$ の導関数を求めよ。

解答 これも④の例です。$z=\sin x$ と置けば、$y=z^n$ だから、

$$\frac{dy}{dx} = \frac{dy}{dz}\frac{dz}{dx} = nz^{n-1}\cos x = n\sin^{n-1} x \cos x$$

例題 2.27

$y=\sqrt{1+x^2}$ の導関数を求めよ。

解答 これも④の例です。$z=1+x^2$ と置けば、$y=z^{\frac{1}{2}}$ だから、

$$\frac{dy}{dx} = \frac{dy}{dz}\frac{dz}{dx} = \frac{1}{2}z^{-\frac{1}{2}} \cdot 2x = \frac{x}{\sqrt{1+x^2}}$$

例題 2.28

$y=x^x$ の導関数を求めよ（ただし、$x>0$）。

解答 ⑤の例です。$f(x)=x^x$ とすれば、

$$\frac{d}{dx}(\log_e |f(x)|) = \frac{f'(x)}{f(x)}$$ から、$f'(x) = f(x)\dfrac{d}{dx}(\log_e |f(x)|)$ となるので、

$$f'(x) = x^x \frac{d}{dx}(\log_e x^x) = x^x \frac{d}{dx}(x\log_e x) = x^x(\log_e x + 1)$$

例題 2.29

$y = \sin^{-1} x$ の導関数を求めよ（ただし，$|y| \leq \dfrac{\pi}{2}$）。

解答　⑥の例です。$x = \sin y$ だから両辺を y で微分して，$\dfrac{dx}{dy} = \cos y$ となるので，$\sin^2 y + \cos^2 y = 1$ を用いて，

$$\frac{dy}{dx} = \frac{1}{\cos y} = \frac{1}{\sqrt{1-x^2}}$$

例題 2.30

$y = \cos^{-1} x$ の導関数を求めよ（ただし，$0 \leq y \leq \pi$）。

解答　⑥の例です。$x = \cos y$ だから両辺を y で微分して，$\dfrac{dx}{dy} = -\sin y$ となるので，$\dfrac{dy}{dx} = \dfrac{-1}{\sin y} = \dfrac{-1}{\sqrt{1-x^2}}$

例題 2.31

$y = \tan^{-1} x$ の導関数を求めよ（ただし，$|y| < \dfrac{\pi}{2}$）。

解答　⑥の例です。$x = \tan y$ だから両辺を y で微分して，

$$\frac{dx}{dy} = \frac{d}{dy}(\tan y) = \sec^2 y$$

ここで，$1 + \tan^2 y = \sec^2 y$ だから $\sec^2 y = 1 + x^2$ となる。したがって，

$$\frac{dy}{dx} = \frac{1}{1+x^2}$$

例題 2.32

$y = \sin t$，$x = \cos t$ のとき $\dfrac{dy}{dx}$ を求めよ。

解答　この問題は t を媒介変数とした関数の表現で⑦の例です。

$\dfrac{dy}{dt} = \cos t$，$\dfrac{dx}{dt} = -\sin t$ だから，

$$\frac{dy}{dx} = \frac{\cos t}{-\sin t} = -\frac{1}{\tan t}$$

です。媒介変数を消去すれば，

$$\frac{dy}{dx} = -\frac{x}{y}$$

となります。

　なお，例題 2.32 で導関数に変数 y が含まれていることに疑問を感じる読者がいるかも知れません。そのことについては陽関数と陰関数ということについて説明しておく必要があります。

$$y = f(x) \tag{2.23}$$

の関数表現を y は x の陽関数といいます。x の値に対して y の値が決まるという関数の基本的な表現です。これに対して，

$$F(x, y) = 0 \tag{2.24}$$

という関数の表現形式もあります。この形式の関数表現を y は x の陰関数とよぶのです。たとえば円の方程式 $x^2 + y^2 = r^2$ は $x^2 + y^2 - r^2 = 0$ という陰関数の例です。

例題 2.33

例題 2.32 の $y = \sin = \sin t$, $x = \cos t$ において，媒介変数 t を消去した陰関数表現を求めよ。

解答　$\sin^2 t + \cos^2 t = 1$ という公式がありますから，$x^2 + y^2 = 1$ です。すなわち $F(x, y) = x^2 + y^2 - 1 = 0$ となります。

例題 2.34

例題 2.33 の $F(x, y)$ について導関数 $\dfrac{dy}{dx}$ を求めよ。

解答　$F(x, y) = x^2 + y^2 - 1 = 0$ において x を独立変数，y を x の関数と見て，$x^2 + y^2 - 1 = 0$ を x で微分すれば，$2x + 2y \dfrac{dy}{dx} = 0$ から，

$$\frac{dy}{dx} = -\frac{x}{y}$$

です。これは媒介変数を用いた微分結果と一致しています。

❷-❹ 微分に関する諸定理

関数 $f(x)$ について以下の定理があります。ロールの定理，平均値の定理は証明問題でよく用いられます。また，関数のテイラー展開，マクローリン展開は工学上極めて重要です。ロピタルの定理は不定形の極限値を求めるときに用いられます。

(1) ロールの定理

関数 $f(x)$ が閉区間 $[a,b]$ で連続でかつ開区間 (a,b) で微分可能とする。このとき，

$$f(a)=f(b) \text{ なら } f'(c)=0 \quad (a\leq c\leq b) \tag{2.25}$$

となる実数 c が少なくとも1つ存在する。

この定理は図 2.3 を見て感覚的に理解しておけば十分です。$a\leq c\leq b$ で関数 $f(x)$ が連続であれば勾配が0になる点が少なくとも1つは存在するという意味です。なお，数学では $[a,b]$ は両端 a, b を含む領域として閉区間，(a,b) は両端 a, b を含まない領域として開区間という表現を用いています。

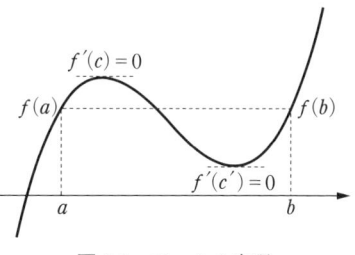

図 2.3 ロールの定理

(2) 平均値の定理

関数 $f(x)$ が閉区間 $[a,b]$ で連続でかつ開区間 (a,b) で微分可能とする。このとき，

$$f'(c)=\frac{f(b)-f(a)}{b-a} \quad (a\leq c\leq b) \tag{2.26}$$

となる実数 c が少なくとも1つ存在する。

これはロールの定理の一般化です。$f(a)$ と $f(b)$ を結ぶ直線の勾配と等しい微分係数を持つ点が $a\leq c\leq b$ の間で少なくとも1つ存在するという定理です。

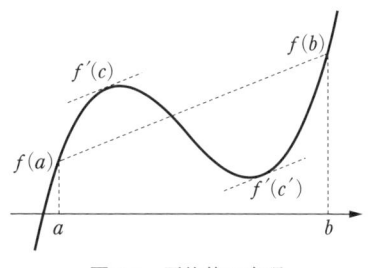

図 2.4 平均値の定理

(3) テイラー展開

関数 $f(x)$ が閉区間 $[a, b]$ で連続して微分可能なとき，

$$f(x) = f(a) + f'(a)(x-a) + \frac{f''(a)}{2!}(x-a)^2 + \cdots + \frac{f^{(n)}(a)}{n!}(x-a)^n + R_n$$

$$R_n = \frac{f^{(n+1)}\{a+\theta(x-a)\}}{(n+1)!}(x-a)^{n+1} \qquad (0 < \theta < 1) \tag{2.27}$$

を関数 $f(x)$ の点 a におけるテイラー展開といいます。$f^{(n)}(x)$ は $f(x)$ の n 回微分を表しています。なお，剰余項とよばれる R_n は少し複雑な形をしていますが実際には，

$$\lim_{n \to \infty} R_n = 0 \tag{2.28}$$

が成り立つ場合に使われますから工学上は剰余項を気にする必要はありません。このとき，

$$f(x) = f(a) + f'(a)(x-a) + \frac{f''(a)}{2!}(x-a)^2 + \cdots + \frac{f^{(n)}(a)}{n!}(x-a)^n + \cdots \tag{2.29}$$

と表現し，関数 $f(x)$ のテイラー級数展開といいます。関数 $f(x)$ のテイラー級数展開は，ある定点 a における関数の値と微分係数を用いて，点 a の近傍の点 x における関数の値 $f(x)$ を表現するものです。

(4) マクローリン展開

テイラー展開の特別な場合として定点が $a=0$ の場合をマクローリン展開といいます。また，テーラー級数展開に対応してマクローリン級数展開といいます。

$$f(x) = f(0) + f'(0)x + \frac{f''(0)}{2!}x^2 + \cdots + \frac{f^{(n)}(0)}{n!}x^n + \cdots \tag{2.30}$$

代表的な関数のマクローリン級数展開は次の通りです。

① $\quad e^x = 1 + x + \dfrac{x^2}{2!} + \dfrac{x^3}{3!} + \cdots + \dfrac{x^n}{n!} + \cdots \tag{2.31}$

② $\quad \sin x = x - \dfrac{x^3}{3!} + \dfrac{x^5}{5!} + \cdots + (-1)^{n-1} \dfrac{x^{2n-1}}{(2n-1)!} + \cdots \tag{2.32}$

③ $\quad \cos x = 1 - \dfrac{x^2}{2!} + \dfrac{x^4}{4!} + \cdots + (-1)^n \dfrac{x^{2n}}{(2n)!} + \cdots \tag{2.33}$

④ $\quad \log(1+x) = x - \dfrac{x^2}{2} + \dfrac{x^3}{3} + \cdots + (-1)^{n-1} \dfrac{x^n}{n} + \cdots \tag{2.34}$

⑤ $(1+x)^\alpha = 1 + \alpha x + \dfrac{\alpha(\alpha-1)}{2!}x^2 + \cdots + \dfrac{\alpha(\alpha-1)\cdots(\alpha-n+1)}{n!}x^n + \cdots$ (2.35)

(2.35)式は 2 項級数とよばれています。α は任意の実数です。α が正の整数 m のときは $(m+1)$ 次以降の微分係数は 0 となりますから，x^m までの有限級数になります。

$$(1+x)^m = 1 + mx + \dfrac{m(m-1)}{2!}x^2 + \cdots + mx^{m-1} + x^m \tag{2.36}$$

です。これは 2 項定理なのです。

$$(a+b)^n = a^n + na^{n-1}b + \dfrac{n(n-1)}{2!}a^{n-2}b^2 + \cdots + nab^{n-1} + b^n \tag{2.37}$$

例題 2.35

$\dfrac{1}{1+x}$ をマクローリン級数展開せよ。

解答 $f(x) = (1+x)^{-1}$ です。(2.35)式で $\alpha = -1$ の場合ですから，
$$(1+x)^{-1} = 1 - x + x^2 - x^3 + x^4 - \cdots$$

例題 2.36

$\dfrac{1}{1-x}$ をマクローリン級数展開せよ。

解答 $f(x) = (1-x)^{-1}$ です。(2.35)式で $x = -x, \alpha = -1$ の場合ですから，
$$(1-x)^{-1} = 1 + x + x^2 + x^3 + x^4 + \cdots$$

例題 2.37

e^{ix} の級数展開式について考察せよ。

解答 (2.31)式で x の代わりに ix を代入すると，
$$e^{ix} = 1 + ix + \dfrac{(ix)^2}{2!} + \dfrac{(ix)^3}{3!} + \dfrac{(ix)^4}{4!} + \cdots$$
$$= \left(1 - \dfrac{x^2}{2!} + \dfrac{x^4}{4!} - \cdots\right) + i\left(x - \dfrac{x^3}{3!} + \dfrac{x^5}{5!} - \cdots\right) = \cos x + i \sin x$$

であり，これがオイラーの公式なのです。さらに，ix を $-ix$ に置き換え

れば，
$$e^{-ix} = \cos x - i \sin x$$
となり，この2つの式の和と差から次の表現が得られます。
$$\cos x = \frac{e^{ix} + e^{-ix}}{2}, \quad \sin x = \frac{e^{ix} - e^{-ix}}{2i}$$

(5) ロピタルの定理

関数の極限値のところですでに紹介した定理です。

$$\lim_{x \to a} \frac{g(x)}{f(x)} = \lim_{x \to a} \frac{g'(x)}{f'(x)} \tag{2.38}$$

この定理は平均値の定理を一般化したコーシーの平均値の定理（参考文献1，P.62参照）を用いて証明することができるのですが，その証明がとくに重要であるということはありません。$\frac{g(x)}{f(x)}$ と $\frac{g'(x)}{f'(x)}$ は同じ極限値に収束するということを覚えておいて使いこなすほうが賢明です。

例題 2.38

(1) $\displaystyle\lim_{x \to 0} \frac{\log_e(1+x)}{x} = 1$ (2) $\displaystyle\lim_{x \to 0} \frac{e^x - 1}{x} = 1$

(3) $\displaystyle\lim_{x \to 0} \frac{a^x - 1}{x} = \log_e a$ を確認せよ。

解答 2-1節の例題2.8，例題2.9，例題2.10と同じ問題です。いずれも不定形ですからロピタルの定理を使えば容易に同じ結果を得ることができます。

(1) (2.38)式で $f(x) = x$，$g(x) = \log_e(1+x)$ とおけば，$f'(x) = 1$，$g'(x) = \frac{1}{1+x}$ です（$z = 1+x$ と置いて(2.19)式を使います）。したがって，

$$\lim_{x \to 0} \frac{\log_e(1+x)}{x} = \lim_{x \to 0} \frac{1}{1+x} = 1$$

(2) (2.38)式で $f(x) = x$，$g(x) = e^x - 1$ とおけば，$f'(x) = 1$，$g'(x) = e^x$ です。したがって，

$$\lim_{x \to 0} \frac{e^x - 1}{x} = \lim_{x \to 0} e^x = 1$$

(3) (2.38)式で $f(x) = x$，$g(x) = a^x - 1$ とおけば，$f'(x) = 1$，$g'(x) = a^x \log_e a$

です（例題 2.25）。したがって，

$$\lim_{x \to 0} \frac{a^x - 1}{x} = \lim_{x \to 0} a^x \log_e a = \log_e a$$

❷-❺ 積分

　ある関数 $f(x)$ を積分すると新しい別の関数 $F(x)$ が得られます。この関数 $F(x)$ を関数 $f(x)$ の原始関数とよびます。しかし，積分に関する定義式はありません。関数 $f(x)$ から原始関数 $F(x)$ を求める計算式は与えられていないのです。数学では微分積分学とひとまとめにしてよびますが，微分積分学の屋台骨を背負っているのは関数の微分に関する定義式だけなのです。

　積分は微分の定義を用いて定義されます。「ある関数 $F(x)$ を微分したら関数 $f(x)$ が得られる，そのような関数 $F(x)$ を関数 $f(x)$ の原始関数（積分）という」ことなのです。数式で書けば，

$$\frac{d}{dx}F(x) = f(x) \tag{2.39}$$

です。微分は定義式に従って計算することができますが，積分は原始関数を探し出す行為なのです。

　関数 $f(x)$ の積分の記号は $\int f(x)dx$ と書き，$\int$ はインテグラルと読みます。インテグラルは英語で積分（Integral）のことです。dx は微分のときと同じで x の微小量を意味しています。しかし，$\int f(x)dx$ と書いてみたところで，積分には定義式がありませんからこれ以上先には進めないのです。微分したら $f(x)$ となるような関数 $F(x)$ を発見的に探し出してきて，

$$\int f(x)dx = F(x) \tag{2.40}$$

と書くしかないのです。

　発見的に探し出す方法としては微分の演算で導関数の形をたくさん覚えておくしかありません。導関数から見れば，微分する前のもとの関数は原始関数になっているからです。積分の計算というのは，自明の導関数の形が得られるように被

積分関数の形を変形しているだけのことなのです。

積分には 2 種類あって $\int f(x)dx$ は不定積分といいます。これに対して $\int_a^b f(x)dx$ と表現された積分を定積分といいます。ここで「不定」とか「定」というのは，積分する x の範囲が「決まっていない」「決まっている」という意味であって，不定積分の結果は x の関数として原始関数 $F(x)$ が得られ，定積分の結果は $F(b)-F(a)$ となる特定の値が得られます。定積分記号の中の a, b は $a \leq x \leq b$ の範囲で $f(x)$ を積分するという意味です。しかし，定積分にしろ不定積分にしろ原始関数 $F(x)$ を求めなければならないことに違いはありません。

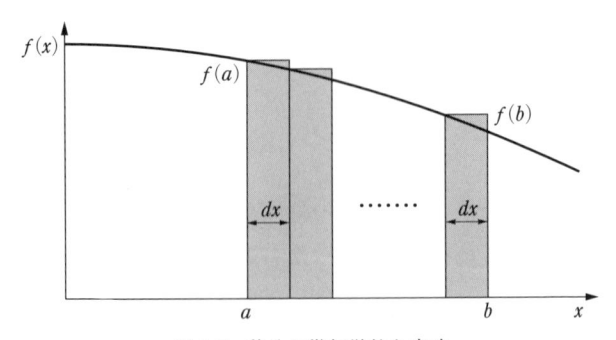

❷-❻ 積分の幾何学的な意味

積分の幾何学的な意味を理解しやすいのは定積分の場合です。図 2.5 で関数 $f(x)$ と $a \leq x \leq b$ の範囲の x 軸とで囲まれる面積を求める場合，図に示したように幅が dx の小さな短冊に分割してその面積をすべて加算すれば良いでしょう。dx を細かくすれば精度は高くなります。$\int_a^b f(x)dx$ の $f(x)dx$ は $f(x) \times dx$ の意味で $f(x)$ は関数の値，すなわち短冊の高さを表していますから短冊の面積に相当しています。積分記号の $\int_a^b$ は a から b までのすべての短冊を加算するという意味です。短冊の面積を $a \leq x \leq b$ の範囲ですべて加算すれば dx を無限に小さく選んだときに関数 $f(x)$ と $a \leq x \leq b$ の x 軸で囲まれた面積になります。すなわち

図 2.5　積分の幾何学的な意味

定積分は面積 S を表しているのです。

$$\sum_i f(x_i)dx = \int_a^b f(x)dx = S \tag{2.41}$$

この面積 S の値が，原始関数 $F(x)$ を用いれば $F(b)-F(a)$ となるのです。ではなぜ，面積 S が原始関数 $F(x)$ を用いて表現されるのでしょうか。1次関数 $f(x)=x$ の場合は幾何学的に確認することができます。2-2節で示したように，2次関数 $f(x)=x^2$ の微分は $f'(x)=2x$ です。この関係から，$f(x)=x$ という関数の原始関数は $F(x)=\dfrac{x^2}{2}$ であることがわかります。

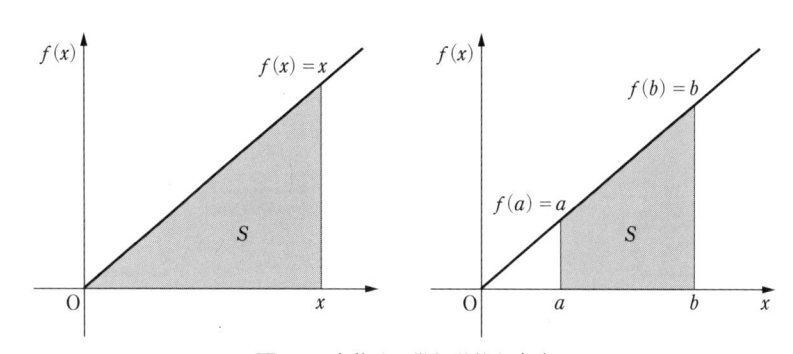

図 2.6 定積分の幾何学的な意味

まず，左の図で，底辺が x の場合高さも x になりますから三角形の面積は，

$$S = \frac{1}{2}x^2 \tag{2.42}$$

になります。この S が関数 $f(x)=x$ の原始関数 $F(x)$ です。そこで右の図で $a \leq x \leq b$ の範囲で関数 $f(x)=x$ が囲む面積 S は，

$$S = \int_0^b xdx - \int_0^a xdx = \frac{1}{2}b^2 - \frac{1}{2}a^2 = F(b)-F(a) \tag{2.43}$$

です。一般に関数 $f(x)$ の原始関数を $F(x)$ とするとき，定積分の値は，

$$\int_a^b f(x)dx = F(b)-F(a) \tag{2.44}$$

で与えられます。(2.44)式の証明を詳しく知りたい人は参考文献1のP.95を参照してください。

❷-❼ 微分と積分の関係

積分の定義をもういちど書けば,

$$\frac{d}{dx}F(x) = f(x)$$

でした。したがって，関数 $f(x)$ の原始関数 $F(x)$ が1つ見つかった場合，

$$\{F(x)+c_1\} \quad , \quad \{F(x)+c_2\} \tag{2.45}$$

のいずれも積分の要件を満足していることになります。c_1，c_2 は定数です。そこで c を定数とすれば不定積分の結果は一般に $F(x)+c$ と表現されます。この c のことを積分定数といいます。なお，定積分の場合は積分定数はつきません。ここで微分と積分の関係を整理しておきましょう。

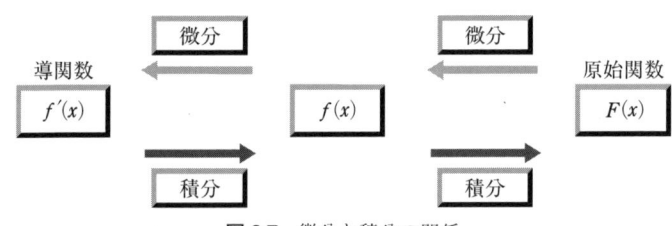

図 2.7 微分と積分の関係

関数 $f(x)$ が1次関数の場合は次のようになります。

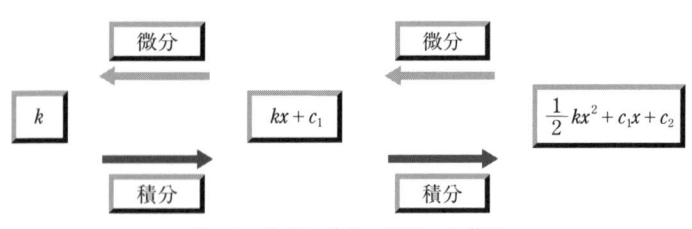

図 2.8 微分と積分の関係の具体例

工学で実際に積分が必要となるのは，導関数 $f'(x)$ が先に分かっていて関数 $f(x)$ を求める場合がほとんどです。その理由は，第3章で説明する微分方程式

表2.1　代表的な関数の導関数・原始関数

導関数 $f'(x)$	関数 $f(x)$	原始関数 $F(x)$
0	k（定数）	kx
nx^{n-1}	x^n	$\dfrac{1}{n+1}x^{n+1}$
e^x	e^x	e^x
ae^{ax}	e^{ax}（aは定数）	$\dfrac{1}{a}e^{ax}$
$a^x \log_e a$ 注	a^x（指数関数）	$\dfrac{1}{\log_e a}a^x$
$\dfrac{1}{x}$	$\log_e|x|$（対数関数）	$x\log_e|x|-x$
$\cos x$	$\sin x$（三角関数）	$-\cos x$
$-\sin x$	$\cos x$（三角関数）	$\sin x$
$\sec^2 x$	$\tan x$（三角関数）	$-\log_e|\cos x|$
$-\mathrm{cosec}^2 x$	$\cot x$	$\log_e|\sin x|$
$\dfrac{1}{1+x^2}$	$\tan^{-1} x$	$x\tan^{-1}x-\dfrac{1}{2}\log_e(1+x^2)$
$\dfrac{1}{\sqrt{1-x^2}}$	$\sin^{-1} x$	$x\sin^{-1}x+\sqrt{1-x^2}$

注：$a^x = e^{x\log_e a}$と変形できます。両辺の自然対数を取って確認してください。

にあります。工学での問題は微分方程式で表現されることが多いのです。微分方程式を解くことは関数を求めること，すなわち積分することなのです。

代表的な関数の導関数・原始関数を表にまとめて示しておきます。原始関数の項では積分定数は省略しています。e^x という指数関数は微分しても積分しても関数の形は変わらず e^x のままです。

❷-❽ 積分の方法

(1) 線形性
微分の場合とまったく同様に積分でも，

$$\int \{f(x) \pm g(x)\}dx = \int f(x)dx \pm \int g(x)dx \tag{2.46}$$

が成り立ちます。

> **例題 2.39**
>
> 不定積分 $\int (x^2 + \dfrac{2}{x})dx$ を求めよ。

解答
$$\int (x^2 + \frac{2}{x})dx = \int x^2 dx + \int \frac{2}{x}dx = \frac{1}{3}x^3 + 2\log|x| + c$$

(2) 置換積分法
$\int f(x)dx$ において $x = g(t)$ と置き換えれば，$dx = g'(t)dt$ だから，

$$\int f(x)dx = \int f\{g(t)\}g'(t)dt \tag{2.47}$$

が成り立ちます。(2.47)式の使い方は次の例題で憶えて下さい。

> **例題 2.40**
>
> 不定積分 $\int e^{ax}dx$ を求めよ。

解答 $ax = t$ と置けば $dx = \dfrac{1}{a}dt$ だから，

$$\int e^{ax}dx = \frac{1}{a}\int e^t dt = \frac{1}{a}e^t = \frac{1}{a}e^{ax}$$

です。置換積分では独立変数 x を別の変数に置き換えた場合，dx も含めてすべての x を置き換える必要があります。なお，(2.47)式で考えれば $x = \dfrac{1}{a}t = g(t)$ ですが $g(t)$ という関数をとくに意識する必要はありません。

例題 2.41

不定積分 $\displaystyle\int \frac{1}{a^2+x^2}dx$ を求めよ。

解答

$$\int \frac{1}{a^2+x^2}dx = \frac{1}{a^2}\int \frac{1}{1+\left(\dfrac{x}{a}\right)^2}dx$$

ここで $\dfrac{x}{a}=t$ と置けば，$x=at$，$dx=adt$ だから，

$$\int \frac{1}{a^2+x^2}dx = \frac{1}{a^2}\int \frac{a}{1+t^2}dt = \frac{1}{a}\tan^{-1}t+c = \frac{1}{a}\tan^{-1}\frac{x}{a}+c$$

例題 2.42

不定積分 $\displaystyle\int \frac{1}{\sqrt{a^2-x^2}}dx$ を求めよ（ただし，$a>0$）。

解答

$$\int \frac{1}{\sqrt{a^2-x^2}}dx = \frac{1}{a}\int \frac{1}{\sqrt{1-\left(\dfrac{x}{a}\right)^2}}dx$$

ここで，$\dfrac{x}{a}=t$ と置けば，$x=at$，$dx=adt$ だから，

$$\int \frac{1}{\sqrt{a^2-x^2}}dx = \frac{1}{a}\int \frac{1}{\sqrt{1-t^2}}adt = \sin^{-1}t+c = \sin^{-1}\frac{x}{a}+c$$

例題 2.43

不定積分 $\displaystyle\int x\sqrt{x+a}\,dx$ を求めよ。

解答

$\sqrt{x+a}=t$ と置けば $x=t^2-a$ です。$x=t^2-a$ を t で微分すれば $dx=2tdt$ です。また，$x\sqrt{x+a}=(t^2-a)t$ だから，

$$\int x\sqrt{x+a}\,dx = \int (t^2-a)t\,2tdt = 2\int(t^4-at^2)dt = \frac{2}{5}t^5-\frac{2a}{3}t^3+c$$

$$= \frac{2}{5}(x+a)^2\sqrt{x+a} - \frac{2a}{3}(x+a)\sqrt{x+a}+c$$

例題 2.44

不定積分 $\int \dfrac{1}{\sqrt{x^2+a}} dx$ を求めよ。

解答　$\sqrt{x^2+a}=t-x$ と置くと，両辺を 2 乗して $x^2+a=t^2-2tx+x^2$ から，

$$x=\dfrac{t^2-a}{2t}, \quad dx=\dfrac{t^2+a}{2t^2}dt$$ となるので，

$$\int \dfrac{1}{\sqrt{x^2+a}} dx = \int \dfrac{1}{t-\dfrac{t^2-a}{2t}} \dfrac{t^2+a}{2t^2} dt = \int \dfrac{1}{t} dt = \log_e |t| + c$$

$$= \log_e |x+\sqrt{x^2+a}| + c$$

例題 2.45

不定積分 $\int \sqrt{a^2-x^2} dx$ を求めよ（ただし，$a>0$）。

解答　$x=a\sin t$, $-\dfrac{\pi}{2} \leq t \leq \dfrac{\pi}{2}$ と置くことができます。

このとき，$dx=a\cos t \, dt$ だから，

$$\int \sqrt{a^2-x^2} dx = \int a\cos t \cdot a\cos t \, dt = \dfrac{a^2}{2} \int (1+\cos 2t) dt$$

$$= \dfrac{a^2}{2}\left(t+\dfrac{1}{2}\sin 2t\right)+c$$

ここで，$\sin t=\dfrac{x}{a}$ だから $t=\sin^{-1}\dfrac{x}{a}$ $\left(-\dfrac{\pi}{2} \leq t \leq \dfrac{\pi}{2}\right)$ です。

また，

$$\cos t = \sqrt{1-\sin^2 t} = \sqrt{1-\dfrac{x^2}{a^2}} = \dfrac{\sqrt{a^2-x^2}}{a}$$

$\sin 2t = 2\sin t \cos t = 2\dfrac{x}{a}\dfrac{\sqrt{a^2-x^2}}{a}$ だから，

$$\int \sqrt{a^2-x^2} dx = \dfrac{1}{2}\left(a^2 \sin^{-1}\dfrac{x}{a} + x\sqrt{a^2-x^2}\right)+c$$

（3）対数微分の応用

$$\int \dfrac{f'(x)}{f(x)} dx = \log_e |f(x)| \tag{2.48}$$

例題 2.46

不定積分 $\int \tan x\, dx$, $\int \cot x\, dx$ を求めよ。

解答

$$\int \tan x\, dx = \int \frac{\sin x}{\cos x} dx = \int \frac{-(\cos x)'}{\cos x} dx = -\log_e |\cos x| + c$$

$$\int \cot x\, dx = \int \frac{\cos x}{\sin x} dx = \int \frac{(\sin x)'}{\sin x} dx = \log_e |\sin x| + c$$

例題 2.47

不定積分 $\int \frac{1}{x^2 - a^2} dx$ を求めよ（ただし，$a \neq 0$）。

解答

$$\int \frac{1}{x^2 - a^2} dx = \frac{1}{2a} \int \left(\frac{1}{x-a} - \frac{1}{x+a} \right) dx$$
$$= \frac{1}{2a} (\log_e |x-a| - \log_e |x+a|) + c = \frac{1}{2a} \log_e \left| \frac{x-a}{x+a} \right| + c$$

(4) 部分積分法

関数の積の形の微分,

$$\{f(x)g(x)\}' = f'(x)g(x) + f(x)g'(x) \tag{2.49}$$

に対応した積分の公式は部分積分法とよばれています。(2.49)式の両辺を積分して移項すれば,

$$\int f(x)g'(x)dx = f(x)g(x) - \int f'(x)g(x)dx \tag{2.50}$$

この公式は次の形で書かれていることもあります。

$$\int f(x)g(x)dx = f(x)\int g(x)dx - \int f'(x)\int g(x)dx\, dx \tag{2.51}$$

(2.50)式で左辺の $g'(x)$ を新たに $g(x)$ と書き直せば，右辺の $g(x)$ は $\int g(x)dx$ となります。これが(2.51)式なのです。

例題 2.48

不定積分 $\int \log_e x dx$ を求めよ（ただし，$x>0$）。

解答 最初に(2.50)式で考えます。

$\int \log_e x dx$ において，$f(x)=\log_e x$, $g'(x)=1$ と考えます。このとき(2.50)式の右辺は $g(x)=\int g'(x)dx=\int 1 \cdot dx=x$ であることを考慮に入れて，

$$f(x)g(x)=x\log_e x$$

$$\int f'(x)g(x)dx=\int \frac{1}{x}\cdot x dx=\int 1 \cdot dx=x$$

ですから，次式が得られます。

$$\int \log_e x dx = x\log_e x - x + c$$

次に(2.51)式を適用してみましょう。このときは $f(x)=\log_e x$, $g(x)=1$ と考えます。したがって，右辺は，

$$f(x)\int g(x)dx = \log_e x \int 1 \cdot dx = x\log_e x$$

$$\int f'(x)\int g(x)dx dx = \int \frac{1}{x}\cdot x dx = \int 1 \cdot dx = x$$

となって(2.50)式の場合と同じ結果が得られるのです。最初に $g'(x)$ と見るか $g(x)$ と見るかの違いだけです。

例題 2.49

不定積分 $\int \sqrt{x^2+a}\, dx$ を求めよ。

解答 $f(x)=\sqrt{x^2+a}$, $g(x)=1$ として(2.51)式を適用すれば，

$$I = \int \sqrt{x^2+a}\, dx = x\sqrt{x^2+a} - \int \frac{x^2}{\sqrt{x^2+a}}dx$$

$$= x\sqrt{x^2+a} - \int \frac{x^2+a-a}{\sqrt{x^2+a}}dx = x\sqrt{x^2+a} - \int \frac{x^2+a}{\sqrt{x^2+a}}dx$$

$$+ \int \frac{a}{\sqrt{x^2+a}}dx = x\sqrt{x^2+a} - \int \sqrt{x^2+a}\,dx + a\int \frac{1}{\sqrt{x^2+a}}dx$$

$$= x\sqrt{x^2+a} - I + a\log_e |x+\sqrt{x^2+a}|$$

です。ここで例題 2.44 の結果を用いています。したがって，

$$I = \frac{1}{2}x\sqrt{x^2+a} + \frac{a}{2}\log_e |x+\sqrt{x^2+a}| + c$$

(5) 複合形

例題 2.50

不定積分 $\int \tan^{-1} x\, dx$ を求めよ。

解答 $y = \tan^{-1} x$ と置けば $x = \tan y$, $dx = \sec^2 y\, dy$ です。$-\infty < x < \infty$ だから，$-\dfrac{\pi}{2} < y < \dfrac{\pi}{2}$ と考えることができます。

$$\int \tan^{-1} x\, dx = \int y \sec^2 y\, dy = y\int \sec^2 y\, dy - \iint \sec^2 y\, dy\, dy$$

$$= y \tan y - \int \tan y\, dy = y \tan y + \log_e(\cos y) + c$$

$$= x \tan^{-1} x + \log_e \frac{1}{\sqrt{1+x^2}} + c$$

$$= x \tan^{-1} x - \frac{1}{2}\log_e(1+x^2) + c$$

$\iint \sec^2 y\, dy\, dy$ は y について 2 回連続して積分する意味です。

例題 2.51

不定積分 $\int \sin^{-1} x\, dx$ を求めよ。

解答 $y = \sin^{-1} x$ と置けば $x = \sin y$, $dx = \cos y\, dy$ です。$-1 \leq x \leq 1$ だから，$-\dfrac{\pi}{2} \leq y \leq \dfrac{\pi}{2}$ と考えることができます。

$$\int \sin^{-1} x\, dx = \int y \cos y\, dy = y\int \cos y\, dy - \iint \cos y\, dy\, dy$$

$$= y \sin y + \cos y + c = x \sin^{-1} x + \sqrt{1-x^2} + c$$

例題 2.52

不定積分 $\int \dfrac{1}{x^3+1} dx$ を求めよ。

解答 $x^3+1=(x+1)(x^2-x+1)$ だから，まず部分分数に分解します．

$$\dfrac{1}{x^3+1} = \dfrac{A}{x+1} + \dfrac{Bx+C}{x^2-x+1}$$

とすれば，

$$A(x^2-x+1)+(Bx+C)(x+1)=1$$

を恒等式として解いて，

$$A+B=0, \quad -A+B+C=0, \quad A+C=1$$

だから，

$$A=\dfrac{1}{3}, \quad B=-\dfrac{1}{3}, \quad C=\dfrac{2}{3}$$

したがって，

$$\int \dfrac{1}{x^3+1} dx = \dfrac{1}{3}\int \dfrac{1}{x+1} dx - \dfrac{1}{3}\int \dfrac{x-2}{x^2-x+1} dx$$

です．ここで，

$$\int \dfrac{1}{x+1} dx = \log_e |x+1|$$

$$\int \dfrac{x-2}{x^2-x+1} dx = \dfrac{1}{2}\int \dfrac{2x-1-3}{x^2-x+1} dx$$

$$= \dfrac{1}{2}\int \dfrac{2x-1}{x^2-x+1} dx - \dfrac{3}{2}\int \dfrac{1}{x^2-x+1} dx$$

$$= \dfrac{1}{2}\log_e |x^2-x+1| - \dfrac{3}{2}\int \dfrac{1}{\left(x-\dfrac{1}{2}\right)^2 + \dfrac{3}{4}} dx$$

$$= \dfrac{1}{2}\log_e |x^2-x+1| - \sqrt{3}\, \tan^{-1} \dfrac{2x-1}{\sqrt{3}}$$

したがって（例題 2.41 参照），

$$\int \dfrac{1}{x^3+1} dx = \dfrac{1}{3}\log_e |x+1| - \dfrac{1}{6}\log_e |x^2-x+1| + \dfrac{1}{\sqrt{3}}\tan^{-1}\dfrac{2x-1}{\sqrt{3}} + c$$

1 変数関数の場合　　　　　　2 変数関数の場合

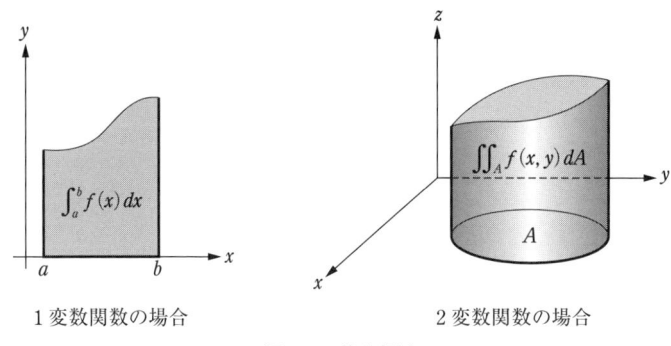

図 2.9　積分領域

2-9　多重積分

力学では物体の重心位置や慣性モーメントを求める際に 2 重積分，3 重積分が必要になります。これらをまとめて多重積分といいます。多重積分で実用上必要なのは定積分です。今までの定積分は $y=f(x)$ という 1 変数関数を独立変数 x に関して閉区間 $[a, b]$ の範囲で積分して，

$$\int_a^b f(x)dx \tag{2.52}$$

と記述していました。ところが $z=f(x, y)$ のような 2 変数関数の場合，平面上のある面積を積分領域とする積分を考える必要があります。
これまでの積分，

$$\sum_i f(x_i)dx = \int_a^b f(x)dx \tag{2.53}$$

と同様に，2 変数関数は，

$$\sum_i f(x_i, y_i)dA = \iint_A f(x, y)dA \tag{2.54}$$

です。ここで面積要素 dA は xy 平面の場合，

$$dA = dxdy \tag{2.55}$$

です。まったく同様に 3 変数関数の場合は，

$$\sum_i f(x_i, y_i, z_i)dV = \iiint_V f(x, y, z)dV \tag{2.56}$$

$$dV = dxdydz \tag{2.57}$$

です。積分領域が立体になるわけです。積分記号の書き方は，

$$\iiint f(x,y,z)dxdydz \tag{2.58}$$

でも良いし，

$$\int dx \int dy \int f(x,y,z)dz \tag{2.59}$$

でもかまいません。ただし，いずれの場合も変数 x,y,z に関する積分範囲を明示する必要があります。(2.58) 式の場合は x,y,z の順に積分します。また，(2.59) 式の場合は z,y,x の順に積分します。たとえば (2.59) 式の場合，z に関する積分範囲は x,y の関数，y に関する積分範囲は x の関数で，最後に x に関する定積分となり値が確定します。x,y,z が完全に独立の場合はそれぞれ単独に積分することができます。

例題 2.53

$a \leq x \leq b, c \leq y \leq d$ の長方形を積分領域として関数 $f(x,y)=h$ を積分せよ。

解答

$$\iint_A f(x,y)dA = \int_c^d \int_a^b f(x,y)dxdy = \int_c^d \left[\int_a^b h \cdot dx\right]dy$$
$$= h(b-a)\int_c^d dy = (b-a)(d-c)h$$

です。すなわち $f(x,y)=h$ の場合は，底面積が $(b-a)(d-c)$ で高さが h の直方体の体積が求められます。$h=1$ の場合は積分領域の面積と等しくなります。なお，積分順序は交換してもかまいません。

例題 2.54

3本の直線 $y=x$，$y=0$，$x=1$ で囲まれた三角形を積分領域として関数 $f(x,y)=h$ を積分せよ。

解答 1 まず，x を固定して y について $0 \leq y \leq x$ で積分し，その後 x について $0 \leq x \leq 1$ で積分します。任意に固定した x について，y に関する積分範囲は $0 \leq y \leq x$ となります（図 (a) 参照）。

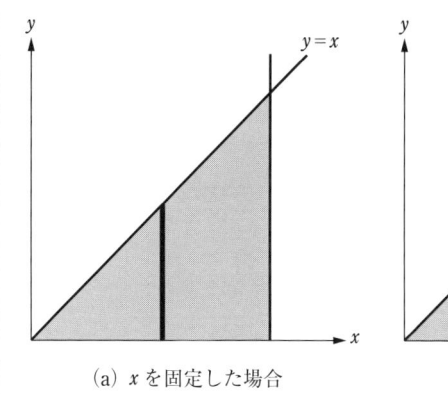

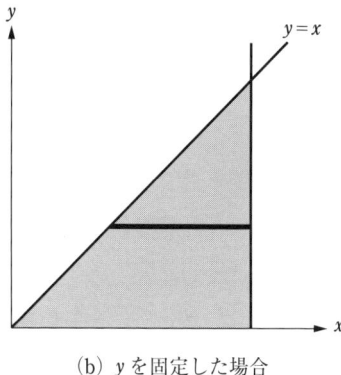

(a) x を固定した場合　　　　　(b) y を固定した場合

$$\iint_A h\cdot dxdy = \int_0^1 \int_0^x h\cdot dydx = h\int_0^1 xdx = h\left[\frac{1}{2}x^2\right]_0^1 = \frac{1}{2}h$$

解答2　まず，y を固定して x について $y\leq x\leq 1$ で積分し，その後 y について $0\leq y\leq 1$ で積分します。任意に固定した y について，x に関する積分領域は $y\leq x\leq 1$ となります（図 (b) 参照）。

$$\iint_A h\cdot dxdy = \int_0^1 \int_y^1 h\cdot dxdy = h\int_0^1 (1-y)dy = h\left[y-\frac{1}{2}y^2\right]_0^1 = \frac{1}{2}h$$

いずれも結果は三角柱の体積です。最初に積分する変数の積分範囲は，次に積分する変数を用いて表現する必要があります。

例題 2.55
$x^2+y^2\leq a^2$ を積分領域として関数 $f(x,y)=h$ を積分せよ。

解答1　この積分領域は円です。変数 x について $-a\leq x\leq a$ の範囲で積分することを考えれば y の積分領域は $-\sqrt{a^2-x^2}\leq y\leq \sqrt{a^2-x^2}$ となります。

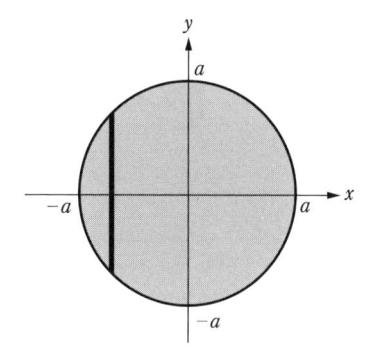

$$\iint_A h\cdot dxdy$$
$$=\int_{-a}^a \int_{-\sqrt{a^2-x^2}}^{\sqrt{a^2-x^2}} h\cdot dydx$$
$$=2h\int_{-a}^a \sqrt{a^2-x^2}dx$$

$$=2h\left[\frac{a^2}{2}\sin^{-1}\frac{x}{a}+\frac{1}{2}x\sqrt{a^2-x^2}\right]_{-a}^{a}=\pi a^2 h$$

です。なお，$\sqrt{a^2-x^2}$ の積分については例題 2.45 の結果を引用しています。この結果は積分領域の円柱の体積です。

解答 2 積分領域が円形の場合は極座標形式に座標変換した方が積分が容易になります。

$x=r\cos\theta,\ y=r\sin\theta$ とおけば，面積要素 dA は $rdrd\theta$ となります。この r はヤコービヤン（記号は J）とよばれ，

$$J=\begin{vmatrix}\dfrac{\partial x}{\partial r} & \dfrac{\partial x}{\partial \theta}\\ \dfrac{\partial y}{\partial r} & \dfrac{\partial y}{\partial \theta}\end{vmatrix}=\begin{vmatrix}\cos\theta & -r\sin\theta\\ \sin\theta & r\cos\theta\end{vmatrix}=r$$

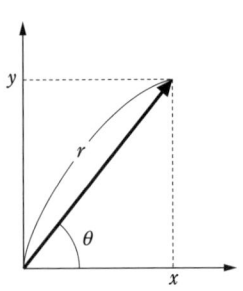

で定義されますが，2 次元平面の場合には $dxdy=rdrd\theta$ と憶えておいても良いでしょう。$rd\theta$ で微少な弧の長さを表しています。積分領域は $0\leq r\leq a,\ 0\leq\theta\leq 2\pi$ となります。なお，∂ は偏微分の記号で，多変数関数をある特定の変数について微分するときに使います。

$$\iint_A h\cdot dxdy=h\int_0^{2\pi}\int_0^a rdrd\theta=h\int_0^a rdr\int_0^{2\pi}d\theta=2\pi h\left[\frac{r^2}{2}\right]_0^a=\pi a^2 h$$

例題 2.56

$x^2+y^2\leq a^2$ を積分領域として関数 $f(x,y)=x^2+y^2$ を積分せよ。

解答 $x=r\cos\theta,\ y=r\sin\theta$ と極座標変換すれば，$f(r,\theta)=r^2$ です。したがって，

$$\iint_A (x^2+y^2)dxdy=\int_0^{2\pi}\int_0^a r^2\cdot rdrd\theta=\int_0^a r^3 dr\int_0^{2\pi}d\theta=2\pi\left[\frac{r^4}{4}\right]_0^a$$

$$=\frac{\pi a^4}{2}$$

例題 2.57

$x^2+y^2+z^2 \leq a^2$ を積分領域として関数 $f(x, y, z)=1$ を積分せよ。

解答 座標系 (x, y, z) に対して 3 次元極座標系 (r, θ, φ) を図のように選べば，

$x = r\sin\theta\cos\varphi, \quad y = r\sin\theta\sin\varphi,$
$z = r\cos\theta$ です。また，ヤコビアンは，

$$|J| = \begin{vmatrix} \dfrac{\partial x}{\partial r} & \dfrac{\partial x}{\partial \theta} & \dfrac{\partial x}{\partial \varphi} \\ \dfrac{\partial y}{\partial r} & \dfrac{\partial y}{\partial \theta} & \dfrac{\partial y}{\partial \varphi} \\ \dfrac{\partial z}{\partial r} & \dfrac{\partial z}{\partial \theta} & \dfrac{\partial z}{\partial \varphi} \end{vmatrix}$$

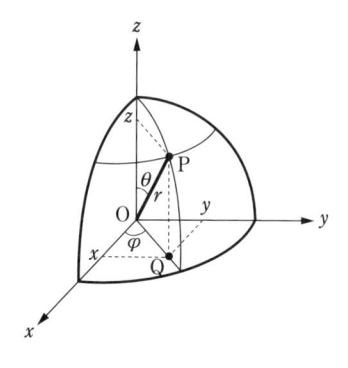

$$= \begin{vmatrix} \sin\theta\cos\varphi & r\cos\theta\cos\varphi & -r\sin\theta\sin\varphi \\ \sin\theta\sin\varphi & r\cos\theta\sin\varphi & r\sin\theta\cos\varphi \\ \cos\theta & -r\sin\theta & 0 \end{vmatrix}$$

です。したがって，

$|J| = r^2 \sin\theta$

となります。また，積分領域は，$0 \leq r \leq a, 0 \leq \theta \leq \pi, 0 \leq \varphi \leq 2\pi$ だから，

$$\iiint_V 1\, dxdydz = \int_0^{2\pi}\int_0^{\pi}\int_0^a r^2 \sin\theta\, drd\theta d\varphi = \frac{1}{3}a^3[-\cos\theta]_0^{\pi}\cdot 2\pi$$

$$= \frac{4}{3}\pi a^3$$

❷-⑩ 多重積分の応用（1）重心位置

　質点系の力学で質点とは，すべての質量が集中した点のことです。ですから物体の形状や大きさというものはありません。ところが剛体（力が作用しても形状が変化しない物体）の力学では重力の作用点としての重心位置を考える必要が発生します。そこで必要になるのが多重積分です。

　実験的に物体の重心位置を求めるには，物体を異なる 2 点で吊して，そのとき

の鉛直線の交点を求めれば良いのです。また，理論的には物体を微小部分に分割してそのすべての微小部分に働く重力の合成を考えることになります。重力はすべて平行ですから質点系力学での平行力の合成，あるいはモーメントの釣り合いという考え方です（参考文献 6, P.63）。3 次元物体の重心位置は，

$$x_G = \frac{\rho \int xdv}{M} \text{ [m]}, \quad y_G = \frac{\rho \int ydv}{M} \text{ [m]}, \quad z_G = \frac{\rho \int zdv}{M} \text{ [m]} \qquad (2.60)$$

で与えられます。ここで ρ は物体の質量密度〔kg/m³〕, M は物体全体の質量〔kg〕, $dv = dxdydz$〔m³〕は体積要素です。ただ，この公式は直感的には理解しにくいかも知れませんから具体例を示すことにしましょう。

> **例題 2.58**
> 2つの質点 m_1〔kg〕, m_2〔kg〕が質量が無視できる棒の両端に取り付けられている場合の重心位置を求めよ。重力加速度を g とする。

解答 1 この例は質点系の問題ですから (2.60) 式を用いる必要はありません。図のように座標の原点を選ぶと，重心点に発生する重力によるモーメントは m_1, m_2 によるモーメントの和に等しいとして，

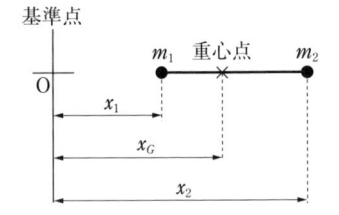

$$Mgx_G = m_1 gx_1 + m_2 gx_2$$

ただし，$M = m_1 + m_2$ です。したがって，

$$x_G = \frac{m_1 x_1 + m_2 x_2}{M} \text{ [m]}$$

解答 2 重心位置まわりのモーメントの釣り合いを考えても同じです。

$$m_1(x_G - x_1) = m_2(x_2 - x_G)$$

$$x_G = \frac{m_1 x_1 + m_2 x_2}{M} \text{ [m]}$$

例題 2.59

均一な線密度 ρ 〔kg/m〕の長さ l 〔m〕の細い棒の重心位置を求めよ。

解答 この例は質量が均一に分布している場合であり(2.60)式の適用が必要です。重心位置が棒の幾何学的中心にあることは明らかですが定義式を使って求めてみましょう。ただ, 物体は1次元ですから, 体積要素は $dv=dx$ となります。図のように座標系を選ぶと,

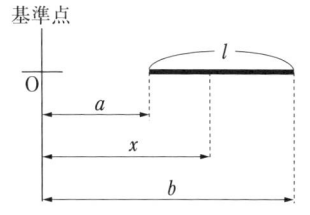

$$x_G = \frac{\rho\int_a^b xdv}{M} = \frac{\rho\int_a^b xdx}{\rho l} = \frac{1}{l}\left[\frac{1}{2}x^2\right]_a^b = \frac{b^2-a^2}{2(b-a)} = \frac{a+b}{2} \text{ 〔m〕}$$

です。これは棒の中点を表しています。なお, $l=b-a$ です。

例題 2.60

均一な面積密度 ρ 〔kg/m²〕で2辺の長さが a 〔m〕, b 〔m〕の長方形の重心位置を求めよ。

解答 この場合も重心位置は幾何学的中心にあることが明らかです。図のように座標系をとって(2.60)式を使ってみましょう。この場合は2次元ですから体積要素は $dv=dxdy$ となります。

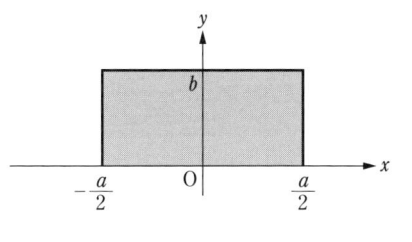

$$x_G = \frac{\rho\iint xdv}{M} = \frac{\rho\int_{-\frac{a}{2}}^{\frac{a}{2}} xdx \int_0^b dy}{\rho ab} = \frac{b\int_{-\frac{a}{2}}^{\frac{a}{2}} xdx}{ab} = \frac{b\left[\frac{1}{2}x^2\right]_{-\frac{a}{2}}^{\frac{a}{2}}}{ab} = 0 \text{ 〔m〕}$$

$$y_G = \frac{\rho\iint ydv}{M} = \frac{\rho\int_{-\frac{a}{2}}^{\frac{a}{2}} dx \int_0^b ydy}{\rho ab} = \frac{a\left[\frac{1}{2}y^2\right]_0^b}{ab} = \frac{1}{2}b \text{ 〔m〕}$$

例題 2.61

均一な面積密度 ρ 〔kg/m²〕で 2 辺の長さが a 〔m〕, b 〔m〕の直角三角形の重心位置を求めよ。

解答　図のように座標系を選びます。この場合も 2 次元ですから体積要素は $dv=dxdy$ を考えることになります。また，積分領域に注意する必要があります。斜辺の直線の方程式は，$y=-\left(\dfrac{b}{a}\right)x+b$ ですから，重心の x, y 座標はそれぞれ，(2.60)式から，

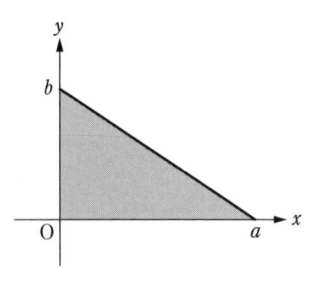

$$x_G = \frac{\rho\iint xdv}{M} = \frac{\rho\int_0^a xdx\int_0^{-\frac{b}{a}x+b}dy}{\rho\dfrac{1}{2}ab} = \frac{2\int_0^a x\left(b-\dfrac{b}{a}x\right)dx}{ab}$$

$$= \frac{2\left[\dfrac{b}{2}x^2 - \dfrac{b}{3a}x^3\right]_0^a}{ab} = \frac{1}{3}a \text{ 〔m〕}$$

$$y_G = \frac{\rho\iint ydv}{M} = \frac{\rho\int_0^b ydy\int_0^{-\frac{a}{b}y+a}dx}{\rho\dfrac{1}{2}ab} = \frac{2\int_0^b y\left(a-\dfrac{a}{b}y\right)dy}{ab}$$

$$= \frac{2\left[\dfrac{a}{2}y^2 - \dfrac{a}{3b}y^3\right]_0^b}{ab} = \frac{1}{3}b \text{ 〔m〕}$$

例題 2.62

均一な面積密度 ρ 〔kg/m²〕で半径 a 〔m〕の半円の重心位置を求めよ。

解答1 図のように座標系をとると重心位置の x 座標が 0 であることは明らかです。そこで y 座標を求めます。$dv = dxdy$ です。

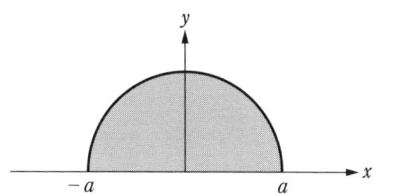

$$y_G = \frac{\rho \iint y dv}{M} = \frac{\rho \int_0^a y dy \int_{-\sqrt{a^2-y^2}}^{\sqrt{a^2-y^2}} dx}{\rho \frac{1}{2}\pi a^2} = \frac{4\int_0^a y\sqrt{a^2-y^2} dy}{\pi a^2}$$

ここで置換積分をします。$a^2 - y^2 = z$ とおけば $-2ydy = dz$ だから $ydy = -\frac{dz}{2}$ です。さらに，積分領域は，

$y=0$ のとき $z=a^2$，$y=a$ のとき $z=0$ だから，

$$y_G = \frac{-2\int_{a^2}^0 z^{\frac{1}{2}}dz}{\pi a^2} = \frac{-2}{\pi a^2} \cdot \left[\frac{2}{3}z^{\frac{3}{2}}\right]_{a^2}^0 = \frac{4a^3}{3\pi a^2} = \frac{4a}{3\pi} \text{ 〔m〕}$$

です。なお，x と y の積分順序を逆にしてもかまいません。

$$y_G = \frac{\rho \iint y dv}{M} = \frac{\rho \int_{-a}^a dx \int_0^{\sqrt{a^2-x^2}} y dy}{\rho \frac{1}{2}\pi a^2} = \frac{\int_{-a}^a (a^2-x^2) dx}{\pi a^2} = \frac{4a}{3\pi} \text{ 〔m〕}$$

解答2 積分領域が円形の場合は極座標形式に座標変換した方が積分が容易になります。例題 2.55 を参照して下さい。$x = r\cos\theta$，$y = r\sin\theta$ とおけば，

$$y_G = \frac{\rho \iint y dxdy}{M} = \frac{\rho \int_0^\pi \int_0^a r\sin\theta \cdot rdrd\theta}{\rho \frac{1}{2}\pi a^2} = \frac{2\int_0^a r^2 dr \int_0^\pi \sin\theta d\theta}{\pi a^2}$$

$$= \frac{4a}{3\pi} \text{ 〔m〕}$$

例題 2.63

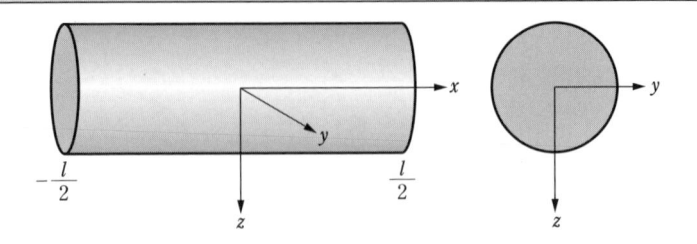

均一な体積密度 ρ 〔kg/m³〕で半径 a 〔m〕，長さが l 〔m〕の円柱の重心位置を求めよ。

解答　この問題も重心が幾何学的な中心にあることは明らかですが，定義式の応用例として計算してみましょう。図のように座標系を選びます。

ここで，yz 平面に 2 次元の極座標を適用します。このような座標系を円柱座標系といいます。$y = r\cos\theta$, $z = r\sin\theta$ です。このとき体積要素は $dv = dxdydz = rdrd\theta dx$ です。

$$x_G = \frac{\rho\iiint xdv}{M} = \frac{\rho\int_{-\frac{l}{2}}^{\frac{l}{2}} xdx \int_0^a rdr \int_0^{2\pi} d\theta}{\rho\pi a^2 l} = 0 \,\text{〔m〕}$$

$$y_G = \frac{\rho\iiint ydv}{M} = \frac{\rho\int_{-\frac{l}{2}}^{\frac{l}{2}} dx \int_0^a r^2 dr \int_0^{2\pi} \cos\theta d\theta}{\rho\pi a^2 l} = 0 \,\text{〔m〕}$$

$$z_G = \frac{\rho\iiint zdv}{M} = \frac{\rho\int_{-\frac{l}{2}}^{\frac{l}{2}} dx \int_0^a r^2 dr \int_0^{2\pi} \sin\theta d\theta}{\rho\pi a^2 l} = 0 \,\text{〔m〕}$$

x_G は $\int_{-\frac{l}{2}}^{\frac{l}{2}} xdx$ が，y_G は $\int_0^{2\pi} \cos\theta d\theta$ が，z_G は $\int_0^{2\pi} \sin\theta d\theta$ が 0 になります。

例題 2.64

均一な体積密度 ρ 〔kg/m³〕 で半径 a 〔m〕 の球の重心位置を求めよ。

解答 この問題も解は明らかですが定義式を用いて確認してみましょう。球形の場合には極座標が便利です。座標系 (x,y,z) に対して新しい変数 (r,θ,φ) を例題 2.57 のように選びます。

このとき，
$x=r\sin\theta\cos\varphi, \quad y=r\sin\theta\sin\varphi, \quad z=r\cos\theta$ となり，ヤコービアンは $|J|=r^2\sin\theta$ です（例題 2.57 参照）。

また，積分領域は $0\leq r\leq a, 0\leq\theta\leq\pi, 0\leq\varphi\leq 2\pi$ ですから，

$$x_G = \frac{\rho\iiint x dx dy dz}{M} = \frac{\rho\int_0^a r^3 dr \int_0^\pi \sin^2\theta d\theta \int_0^{2\pi}\cos\varphi d\varphi}{M} = 0 \text{ 〔m〕}$$

$$y_G = \frac{\rho\iiint y dx dy dz}{M} = \frac{\rho\int_0^a r^3 dr \int_0^\pi \sin^2\theta d\theta \int_0^{2\pi}\sin\varphi d\varphi}{M} = 0 \text{ 〔m〕}$$

$$z_G = \frac{\rho\iiint z dx dy dz}{M} = \frac{\rho\int_0^a r^3 dr \int_0^\pi \sin\theta\cos\theta d\theta \int_0^{2\pi} d\varphi}{M} = 0 \text{ 〔m〕}$$

です。$\sin\varphi, \cos\varphi$ は 1 周期積分すれば 0 になります。

また，z_G は $\int_0^\pi \sin\theta\cos\theta d\theta = \frac{1}{2}\int_0^\pi \sin 2\theta d\theta = 0$ です。

例題 2.65

均一な体積密度 ρ 〔kg/m³〕 で半径 a 〔m〕 の半球の重心位置を求めよ。

解答 例題 2.64 と同じですが，半球の場合，θ に関する積分範囲が $0\leq\theta\leq\frac{\pi}{2}$ となります。したがって，x_G, y_G については 0 のままで，z_G については，

$$z_G = \frac{\rho\iiint z dx dy dz}{M} = \frac{\rho\int_0^a r^3 dr \int_0^{\frac{\pi}{2}} \sin\theta\cos\theta d\theta \int_0^{2\pi} d\varphi}{M}$$

$$= \frac{\rho \frac{1}{4} a^4 2\pi \frac{1}{2} \int_0^{\frac{\pi}{2}} \sin 2\theta d\theta}{M} = \frac{3}{8} a \text{〔m〕}$$

です。ここで半球だから，$M = \rho \frac{2}{3} \pi a^3$〔kg〕です。

❷-⓫ 多重積分の応用（2）慣性モーメント

剛体の力学では回転運動を学ぶ際に慣性モーメント I〔kg・m²〕という物理量が出てきます。慣性モーメントの定義は，

$$I = \sum_i r_i^2 dm_i \text{〔kgm}^2\text{〕} \tag{2.61}$$

です。すなわち，物体を微少質量 dm_i に分割して考えたとき，回転軸に対するそれぞれの距離 r_i の2乗との積の総和です。(x, y, z) の3次元直交空間の場合，物体の質量密度を ρ〔kg/m³〕とすれば微少質量は，

$$dm = \rho dv = \rho dxdydz$$

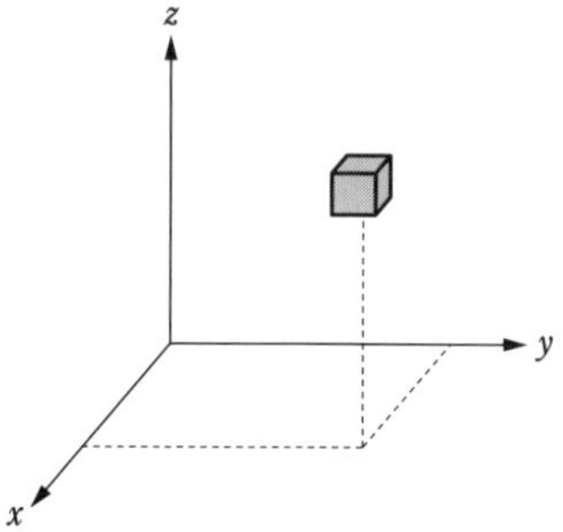

図 2.10 慣性モーメント

と表現することができますから，

$$I = \sum_i r_i^2 dm_i = \rho \iiint_V r^2 dxdydz \text{〔kgm}^2\text{〕} \tag{2.62}$$

で与えられます。距離 r を各回転軸までの成分で表せば，

$$\begin{aligned} I_{xx} &= \rho \iiint_V (y^2 + z^2) dxdydz \text{〔kgm}^2\text{〕} \\ I_{yy} &= \rho \iiint_V (z^2 + x^2) dxdydz \text{〔kgm}^2\text{〕} \\ I_{zz} &= \rho \iiint_V (x^2 + y^2) dxdydz \text{〔kgm}^2\text{〕} \end{aligned} \tag{2.63}$$

です。

例題 2.66

質量密度 ρ 〔kg/m〕が一様な長さ a 〔m〕の細い棒の重心点を通る回転軸に関する慣性モーメントを求めよ。

解答 微小質量は $dm = \rho dx$ だから，

$$I = \rho \int_{-\frac{a}{2}}^{\frac{a}{2}} x^2 dx = \frac{\rho}{3}[x^3]_{-\frac{a}{2}}^{\frac{a}{2}}$$

$$= \frac{1}{12}\rho a^3$$

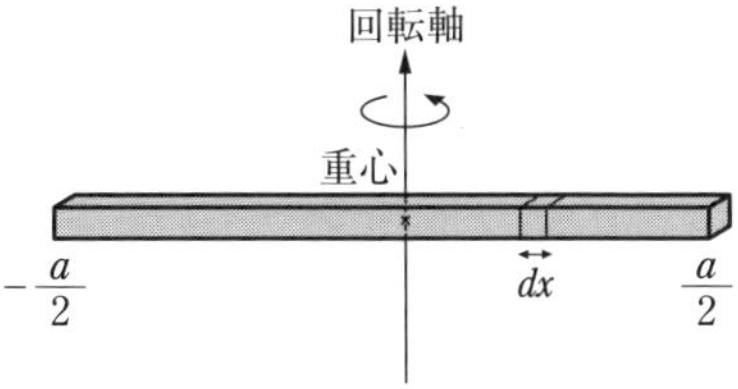

ここで，$\rho a = M$〔kg〕(棒全体の質量) とおけば，

$$I = \frac{1}{12}Ma^2 \ [\text{kgm}^2]$$

例題 2.67

例題 2.66 で回転中心を棒の端末にした場合の慣性モーメントを求めよ。

解答 $I = \rho \int_0^a x^2 dx = \frac{\rho}{3}[x^3]_0^a = \frac{1}{3}\rho a^3 = \frac{1}{3}Ma^2 \ [\text{kgm}^2]$

例題 2.68

質量密度 ρ 〔kg/m²〕が一様な横 a 〔m〕，縦 b 〔m〕の直方薄板の慣性モーメントを求めよ。なお，$\rho ab = M$〔kg〕とせよ。

解答 x 軸まわりの慣性モーメントは，

$$I_{xx} = \rho \int_{-\frac{a}{2}}^{\frac{a}{2}} dx \int_{-\frac{b}{2}}^{\frac{b}{2}} y^2 dy$$

$$= \rho a \frac{1}{3}[y^3]_{-\frac{b}{2}}^{\frac{b}{2}} = \frac{1}{12}\rho ab^3$$

$$= \frac{1}{12}Mb^2 \ [\text{kgm}^2]$$

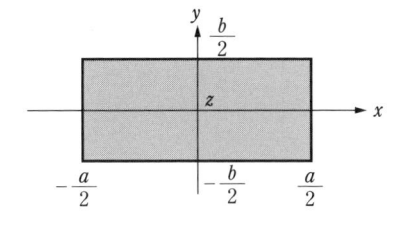

y 軸まわりの慣性モーメントは，

$$I_{yy} = \rho \int_{-\frac{a}{2}}^{\frac{a}{2}} x^2 dx \int_{-\frac{b}{2}}^{\frac{b}{2}} dy = \rho b \frac{1}{3} [x^3]_{-\frac{a}{2}}^{\frac{a}{2}} = \frac{1}{12} \rho b a^3 = \frac{1}{12} M a^2 \ [\mathrm{kgm^2}]$$

z 軸まわり(垂直軸)の慣性モーメントは,回転軸からの距離 r は $r = \sqrt{x^2 + y^2}$ だから,

$$I_{zz} = \rho \int_{-\frac{a}{2}}^{\frac{a}{2}} dx \int_{-\frac{b}{2}}^{\frac{b}{2}} (x^2 + y^2) dy = \rho \int_{-\frac{a}{2}}^{\frac{a}{2}} \left[x^2 y + \frac{1}{3} y^3 \right]_{-\frac{b}{2}}^{\frac{b}{2}} dx$$

$$= \rho \int_{-\frac{a}{2}}^{\frac{a}{2}} \left(x^2 b + \frac{1}{12} b^3 \right) dx = \rho \left[\frac{1}{3} bx^3 + \frac{1}{12} b^3 x \right]_{-\frac{a}{2}}^{\frac{a}{2}}$$

$$= \frac{1}{12} M(a^2 + b^2) \ [\mathrm{kgm^2}]$$

例題 2.69

図に示す質量密度 ρ [kg/m^3] が一様な直方体の慣性モーメントを求めよ。なお,$\rho abc = M$ [kg] とせよ。

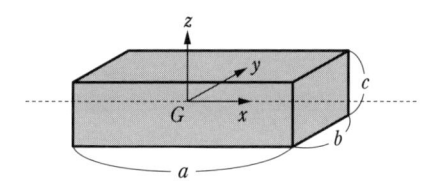

解答

$$I_{xx} = \rho \int_{-\frac{a}{2}}^{\frac{a}{2}} dx \int_{-\frac{b}{2}}^{\frac{b}{2}} dy \int_{-\frac{c}{2}}^{\frac{c}{2}} (y^2 + z^2) dz = \rho \int_{-\frac{a}{2}}^{\frac{a}{2}} dx \int_{-\frac{b}{2}}^{\frac{b}{2}} \left(y^2 c + \frac{1}{12} c^3 \right) dy$$

$$= \rho \int_{-\frac{a}{2}}^{\frac{a}{2}} \frac{1}{12} bc(b^2 + c^2) dx = \frac{1}{12} \rho abc(b^2 + c^2) = \frac{1}{12} M(b^2 + c^2)$$

ほかの軸についても同様に,

$$I_{yy} = \frac{1}{12} M(c^2 + a^2) \ , \quad I_{zz} = \frac{1}{12} M(a^2 + b^2)$$

例題 2.70
質量密度 ρ 〔kg/m^3〕が一様な半径 a 〔m〕，長さ l 〔m〕の円柱の慣性モーメントを求めよ。なお，$\rho \pi a^2 l = M$ 〔kg〕とせよ。

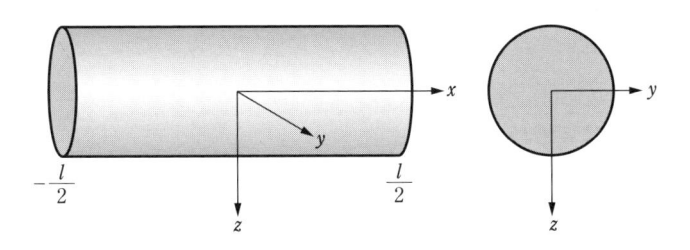

解答 x 軸まわり慣性モーメントは，

$$I_{xx} = \rho \int_{-\frac{l}{2}}^{\frac{l}{2}} dx \iint (y^2 + z^2) dy dz$$

ここで，$y = r\cos\theta$, $z = r\sin\theta$ と変数変換すれば，

$$I_{xx} = \rho \int_{-\frac{l}{2}}^{\frac{l}{2}} dx \iint (y^2 + z^2) dy dz = \rho \int_{-\frac{l}{2}}^{\frac{l}{2}} dx \int_0^a r^3 dr \int_0^{2\pi} d\theta$$

$$= \frac{1}{2} M a^2 \ \text{〔kgm}^2\text{〕}$$

y 軸，z 軸まわり慣性モーメントは，

$$I_{yy} = \rho \int_{-\frac{l}{2}}^{\frac{l}{2}} dx \iint (z^2 + x^2) dy dz = \rho \int_{-\frac{l}{2}}^{\frac{l}{2}} dx \iint (r^2 \sin^2\theta + x^2) r dr d\theta$$

$$= \rho \int_{-\frac{l}{2}}^{\frac{l}{2}} dx \int_0^a r^3 dr \int_0^{2\pi} \sin^2\theta d\theta + \rho \int_{-\frac{l}{2}}^{\frac{l}{2}} x^2 dx \int_0^a r dr \int_0^{2\pi} d\theta$$

$$= \frac{1}{4} \rho a^4 l \pi + \frac{1}{12} \rho l^3 a^2 \pi = \frac{1}{4} M a^2 + \frac{1}{12} M l^2 \ \text{〔kgm}^2\text{〕}$$

ただし，

$$\int_0^{2\pi} \sin^2\theta d\theta = \int_0^{2\pi} \frac{1 - \cos 2\theta}{2} d\theta = \pi$$

です。また $I_{yy} = I_{zz}$ です。

例題 2.71

質量密度 ρ 〔kg/m³〕が一様な半径 a 〔m〕の球の重心位置を通る軸に関する慣性モーメントを求めよ。なお、$\rho\dfrac{4}{3}\pi a^3 = M$ とせよ。

解答 例題 2.57 のように 3 次元の極座標表示を考えれば、$x = r\sin\theta\cos\varphi$, $y = r\sin\theta\sin\varphi$, $z = r\cos\theta$ です。ここで $0 \leq r \leq a$, $0 \leq \theta \leq \pi$, $0 \leq \varphi \leq 2\pi$ です。体積要素は、

$$dv = dxdydz = r^2\sin\theta drd\theta d\varphi$$

です。したがって、

$$I_{zz} = \rho\iiint_V (x^2 + y^2)dxdydz = \rho\int_0^a\int_0^\pi\int_0^{2\pi} r^2\sin^2\theta \cdot r^2\sin\theta drd\theta d\varphi$$

$$= \rho\int_0^a r^4 dr\int_0^\pi \sin^3\theta d\theta\int_0^{2\pi} d\varphi$$

ここで、$u = \cos\theta$ と置けば $du = -\sin\theta d\theta$ だから、

$$\int_0^\pi \sin^3\theta d\theta = \int_0^\pi \sin^2\theta \sin\theta d\theta = -\int_1^{-1}(1-u^2)du = \left[u - \frac{1}{3}u^3\right]_{-1}^{1}$$

$$= \frac{4}{3}$$

となるので、

$$I_{zz} = \rho\frac{1}{5}a^5 \cdot \frac{4}{3} \cdot 2\pi = \frac{2}{5}Ma^2 \text{〔kgm}^2\text{〕}$$

です。なお、$M = \dfrac{4}{3}\rho\pi a^3$ 〔kg〕です。

例題 2.71 は各軸まわりについて対称ですが、x 軸についても確認してみましょう。

$$I_{xx} = \rho\iiint_V (y^2 + z^2)dxdydz$$

$$= \rho\int_0^a\int_0^\pi\int_0^{2\pi}(r^2\sin^2\theta\sin^2\varphi + r^2\cos^2\theta)r^2\sin\theta drd\theta d\varphi$$

$$= \rho\int_0^a r^4 dr\left\{\int_0^\pi \sin^3\theta d\theta\int_0^{2\pi}\sin^2\varphi d\varphi + \int_0^\pi \cos^2\theta\sin\theta d\theta\int_0^{2\pi} d\varphi\right\}$$

$$= \rho\frac{1}{5}a^5\left(\frac{4}{3}\pi + \frac{4}{3}\pi\right) = \frac{2}{5}Ma^2 \text{〔kgm}^2\text{〕}$$

ここで，

$$\int_0^{2\pi} \sin^2 \varphi d\varphi = \int_0^{2\pi} \frac{1-\cos 2\varphi}{2} d\varphi = \pi$$

$$\int_0^{\pi} \cos^2 \theta \sin \theta d\theta = \frac{2}{3}$$

です。第2式は $u=\cos\theta$ とおけば $du=-\sin\theta d\theta$ なので以下となる。

$$\int_0^{\pi} \cos^2 \theta \sin \theta d\theta = \int_1^{-1} (-u^2) du = \frac{1}{3}[u^3]_{-1}^{1} = \frac{2}{3}$$

第2章 練習問題

❶ $y = -x^3 + 6x^2 - x + 1$ の区間 $-1 \leq x \leq 3$ での最大値，最小値を求めよ。

❷ a を正数とする。方程式 $x^3 - 3ax^2 + 4a = 0$ の異なる実数解の個数を調べよ。

❸ 次の定積分・不定積分を求めよ。
 (1) $\int_1^2 x\sqrt{x-1}\,dx$ (2) $\int_{-1}^1 \dfrac{e^x}{e^x+1}\,dx$ (3) $\int_0^1 \dfrac{1}{\sqrt{x^2+1}}\,dx$ (4) $\int e^{-x}\sin x\,dx$
 (5) $\int \dfrac{5}{3\sin x + 4\cos x}\,dx$

❹ 外径 $2a$ [m]，内径 $2b$ [m]，質量 M [kg] 円環の重心位置を求めよ。

❺ 外径 $2a$ [m]，内径 $2b$ [m]，長さ l [m] の円筒の中心軸まわりの慣性モーメントを求めよ。ただし円筒の質量密度を ρ [kg/m³] とし，全質量を M とせよ。

第3章 微分方程式

❸-❶ 微分方程式

　第2章で微分と積分について説明してきたのは微分方程式を説明するための準備だったといっても良いかも知れません。理工学における微分方程式の役割は大きいのです。

　そこでまず方程式を思い出してみましょう。値がいくつになるか不明の未知の数 x というものを考えて，その未知の数 x が満足するべき条件を等式として書いたものが方程式でした。その方程式から未知の数 x を決定することが方程式を解くことだったのです。

　この方程式に対して，未知の関数 $f(x)$ というものを考えて，この未知の関数 $f(x)$ についての方程式があります。これを関数方程式といいます。微分方程式はこの関数方程式の中の代表的な1つの形で，未知の関数 $f(x)$ の導関数 $f'(x)$ を含む方程式のことなのです。導関数の最高次数が $f'(x)$ なら1次微分方程式，$f''(x)$ まで含んでいれば2次微分方程式とよびます。数学では1階微分方程式，2階微分方程式とよびますが工学では1次，2次というよび方が一般的です。本書では「階」と「次」を同じ意味で使うことにします。導関数に関する方程式から原始関数 $f(x)$ を求めることを微分方程式を解くといいます。

　なお，ここでは一般的な説明として $f'(x)$ とか $f(x)$ という関数表現を用いていますが，工学ではほとんどの場合が時間 t に関する関数を取り扱っており，その場合には $f'(t)$ や $f(t)$ です。関数の記号は $f(t)$ でも $x(t)$ でも $y(t)$ でもかまいませんが，$f(t)$ は工学では慣用的に外力に使うことが多いので，本書では未知の関数の記号として $y(t)$ を用いることにします。

例題 3.1

次の微分方程式を解け。

$y''(t) = g$　　①

解答　この式は力学で出てくる自由落下問題を表している微分方程式です。2次微分方程式のもっとも簡単な例の1つです。未知の関数として $y'(t)$, $y(t)$ などは含まれていませんが $y''(t)$ が含まれていますから立派な微分方程式です。ここでは微分方程式の紹介ということで，詳しくは例題3.22を参照して下さい。g は重力の加速度とよばれる定数です。

この微分方程式は，両辺を別々に時間 t で直接積分することができますから，積分定数を c_1 とすれば，

$$\int y''(t)dt = \int g dt \quad ②$$

から，

$y'(t) = gt + c_1$　　③

です。逆に③式から考えれば，左辺の $y'(t)$ は1回微分すると $y''(t)$ になります。また，右辺については $(gt+c_1)$ を微分すれば g が得られます。積分定数は左辺にも右辺にもつきますが，定数ですから片方にまとめて良いのです。さらに，③式の両辺をもう1回積分すれば積分定数を c_2 として，

$y(t) = \dfrac{1}{2}gt^2 + c_1 t + c_2$　　④

となって解としての未知の関数 $y(t)$ を求めることができます。これで $y''(t) = g$ という微分方程式が解けた，ということなのです。すなわち2次導関数に関する①式を満足する関数④式が決定されたのです。

逆に④式の両辺を2回微分すると，

$y'(t) = gt + c_1$

$y''(t) = g$

となって，これが最初に与えられた微分方程式なのです。

❸-❷ 微分方程式が重要になる理由

　なぜ，工学において微分方程式というものが重要になるのでしょうか。大学に入学すると教養科目で物理学を勉強します。その物理学の主要な分野に力学があります。この力学に出てくる運動方程式が実は微分方程式なのです。その背景にはニュートンの運動に関する3つの法則があります。

第1法則（慣性の法則）
　外力が加えられなければ物体は静止したままか等速運動のままである。
第2法則（運動の法則）
　物体に外力が加えられれば加速度が発生する。また逆に加速度が作用すれば慣性力が働く。
第3法則（作用反作用の法則）
　2つの物体の間に働く力は大きさが等しく互いに逆向きである。

　第1の等速運動については感覚的に少し理解しにくいと思いますが，たとえば参考文献7（P.184）などを参照して下さい。実は，第2法則が，力学において微分方程式が必要になる真犯人なのです。しかし逆恨みしてはいけません。ニュートンの業績があったからこそ人類は月にも行けたし，スペースシャトルを飛ばすこともできるのです。

　ある時刻における物体の位置を $y(t)$ で表現したとき，物体の速度と加速度は図3.1のような関係になっています。

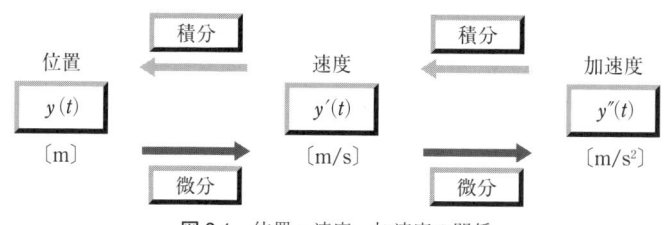

```
          ← 積分           ← 積分
  位置                速度                加速度
  [y(t)]              [y'(t)]             [y''(t)]
   〔m〕               〔m/s〕             〔m/s²〕
          → 微分           → 微分
```

図3.1　位置・速度・加速度の関係

　一例として車のモデルを考えて見ましょう。時刻 $t=0$ において静止している車を考えます。車はアクセルを踏み込めば動き始め，ある時刻 t〔s〕における

車の位置が $y(t)$ です。このとき，アクセルを踏み込むことにより発生する推力 F〔N〕がニュートンの第2法則での外力に相当します。したがって，この推力によって車に発生するのは加速度で，その加速度は車の移動距離を $y(t)$〔m〕とすれば $y''(t)$〔m/s²〕で表されます。車の質量を m〔kg〕とすればニュートンの第2法則は $my''(t)=F$ となり，このことが，物体の運動は微分方程式で表現されるということなのです。

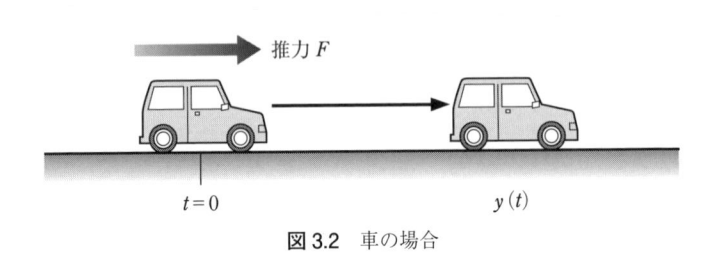

図 3.2 車の場合

例題 3.2

推力 F〔N〕が一定の場合の人工衛星打上げロケットの運動について考察せよ。

解答 この場合のロケットの運動方程式はニュートンの運動に関する第2法則から $mz''(t)=F-mg$ となります。$z(t)$ は高度で，mg は重力です。ロケットの質量 m〔kg〕が一定だと仮定すれば運動方程式は $z''(t)=\dfrac{F}{m}-g$ であり，加速度が一定の運動になります。ただし，実際には推力 F を発生するために大量の燃料を消費していますから m が一定ということはありません。

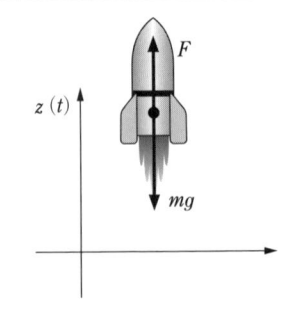

3-3 微分方程式の分類

微分方程式は常微分方程式と偏微分方程式に大別されます。ただ2章でも偏微

分については説明していませんから，ここでは常微分方程式に限って説明します。独立変数が1つの場合の微分が常微分です。常微分方程式は線形微分方程式と非線形微分方程式に大別することができます。この線形・非線形の意味は工学全般，数学全般で用いられる線形・非線形と同じ意味です。簡単にいえば，比例関係が成り立つシステムが線形で，そうでないのが非線形です。工学では線形系・非線形系と表現して区別します。線形微分方程式の場合，たとえば $y(t)$ が1つの解ならばその定数倍の $ky(t)$ も解になっています。また，$y_1(t)$ と $y_2(t)$ がそれぞれ解ならば $y_1(t)+y_2(t)$ も解になっています。

逆にいえば，このことが成り立たないのが非線形微分方程式なのです。たとえば2次の微分方程式で考えてみましょう。

$$ay''(t)+by'(t)+cy(t)=f(t) \quad a,\ b,\ c：定数 \tag{3.1}$$

$$a(t)y''(t)+b(t)y'(t)+c(t)y(t)=f(t) \tag{3.2}$$

$$ay''(t)+by'(t)+cy(t)^2=f(t) \tag{3.3}$$

(3.1)式の形を線形定数系といいます。(3.2)式は線形時変数系とよばれます。(3.1)式と(3.2)式は係数が定数か独立変数の関数かの違いだけで，いずれも線形微分方程式です。これに対して(3.3)式の形は非線形微分方程式です。非線形の形は多種多様ですが，線形・非線形のもっとも単純な判定基準は関数の積の項の存在です。(3.3)式の $y(t)^2$ が非線形項なのです。右辺の $f(t)$ は一般に強制項とか外力項とよばれており，この項は微分方程式の線形・非線形の区別には関係ありません。

次に微分方程式の解法です。最初に1次（1階）微分方程式の代表的な解法である変数分離形について説明します。この変数分離形という考え方は線形・非線形に関係なく，微分方程式が独立変数と従属変数の形に分離表現できるという意味で，初等解法のもっとも基本的な1つです。一般の微分方程式の教科書では，1階微分方程式の初等解法として，変数分離形を筆頭に，同次形，線形，ベルヌーイ形，完全微分形，積分因子などの方法が説明されていますが，これらの解法はすべて「与えられた微分方程式がこの形であれば解ける」という発見的解法であり，体系的に整理された解法ではありません。これらの解法が工学上特に重要であるとも思えませんので，本書では変数分離形と線形以外は割愛します。また，この初等解法の中の線形とは，1階線形時変数形という意味ですから，本書

では線形時変数形の解法の節で説明します。なお，ここでいう初等解法とは特別な意味があるのではなく，単に，「微分・積分学の知識で微分方程式の解を求める」というだけの意味です。このことを一般に初等解法とよんでいます。本書での微分方程式の解法を要約すれば以下の通りです。

1　1階微分方程式の初等解法 ― 変数分離形
2　線形定数系微分方程式の解法 ― 演算子法
3　線形時変数系微分方程式の解法

例題 3.3

次の微分方程式の分類について述べよ。

$$\frac{dy}{dt}+p(t)y+q(t)y^n=0$$

解答　$n=0$, $n=1$のときは線形時変数系微分方程式です。$n\geq 2$のときはy^n項がありますから非線形微分方程式です。しかし，y^{-n}を全体に掛け，さらに$y^{1-n}=z$と変数変換することによって線形に変換できる特殊な形で，ベルヌーイ形とよばれています。

❸-❹ 1階微分方程式の初等解法―変数分離形

1階微分方程式で(3.4)式の形を変数分離形とよびます。右辺が独立変数の関数$g(t)$と従属変数の関数$h(y)$の積で表現された形です。

$$\frac{dy}{dt}=g(t)h(y) \tag{3.4}$$

変数分離形の微分方程式は以下のように考えて解くことができます。

(3.4)式で$\frac{dy}{dt}$はもちろん，関数$y(t)$の微分の記号ですが，これを微小量同士の分数と見て，

$$\frac{1}{h(y)}dy=g(t)dt \tag{3.5}$$

と変形します。そこで(3.5)式の両辺をそれぞれの変数で積分すれば，

$$\int \frac{1}{h(y)}dy = \int g(t)dt \tag{3.6}$$

が得られます。(3.6)式の両辺は変数が分離されていますから，それぞれ独立に積分することができます。この解法は線形・非線形を問わず適用できますから大変便利です。微分方程式の解法でもっとも基本的な形です。

例題 3.4

微分方程式 $\dfrac{dy}{dt} = at$ を解け。ただし，a は定数である。

解答 (3.4)式で $g(t) = at$，$h(y) = 1$ と考えます。そのとき(3.6)式は，

$$\int 1 dy = \int at\, dt$$

となって，両辺をそれぞれ積分すれば，

$$y(t) = \frac{1}{2}at^2 + c$$

が得られます。c は積分定数です。積分定数は両辺につきますが定数ですから差し引きで片方にだけ書いておけば十分です。

もちろん $g(t) = t$，$h(y) = a$ と考えても結果は同じです。

$$\int \frac{1}{a}dy = \int t\, dt$$

から，a は定数ですから，両辺を積分して，

$$\frac{1}{a}y(t) = \frac{1}{2}t^2 + c$$

です。形を整えて，

$$y(t) = \frac{1}{2}at^2 + ac = \frac{1}{2}at^2 + c'$$

例題 3.5

微分方程式 $\dfrac{dy}{dt} = ky$ を解け。ただし，k は定数である。

解答 (3.4)式で $g(t) = k$，$h(y) = y$ とします。

$$\int \frac{1}{y} dy = \int k dt$$

から，

$$\log_e y = kt + c$$

です。指数関数表示に直せば，e^c も定数ですから c' として，

$$y(t) = e^{kt+c} = e^{kt} \cdot e^c = c' e^{kt}$$

例題 3.6

微分方程式 $\dfrac{dy}{dt} = t(1-y)$ を解け。ただし，$y \neq 1$ である。

解答 (3.4) 式で $g(t) = t$, $h(y) = 1-y$ とします。

$$\int \frac{1}{1-y} dy = \int t dt$$

左辺で $1-y = z$ と置き換えれば $-dy = dz$ だから，

$$\int \frac{1}{1-y} dy = -\int \frac{1}{z} dz$$
$$= -\log_e |z| = -\log_e |1-y|$$

です。対数の真数は正でなければいけませんから，絶対値の記号を付けています。したがって，解は，

$$-\log_e |1-y| = \frac{1}{2} t^2 + c$$

です。形を整えるために指数関数表示に戻せば，

$$|1-y| = e^{-\frac{1}{2}t^2 - c} = e^{-\frac{1}{2}t^2} e^{-c} = c' e^{-\frac{1}{2}t^2}$$

です。したがって，解は，

$y < 1$ のとき，
$$y(t) = 1 - c' e^{-\frac{1}{2}t^2}$$

$y > 1$ のとき，
$$y(t) = 1 + c' e^{-\frac{1}{2}t^2}$$

と表現することができます。なお，解の形としては c' は正でも負でもか

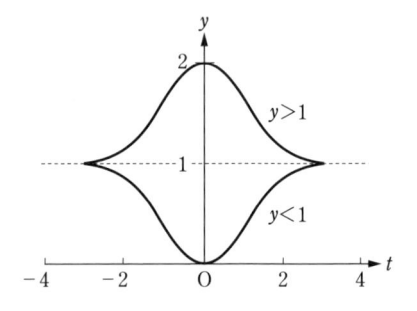

まいませんから 2 つに分けて書く必要はありません。$t=0$ のときに $y(0)=0$, 2 とした場合のグラフは図の通りです。

❸-❺ 線形定数系の解法

たとえば, 2 次の線形定数系微分方程式,

$$ay''(t)+by'(t)+cy(t)=f(t) \quad (a, b, c \text{ は定数}, a \neq 0) \tag{3.7}$$

で, 右辺の強制項 $f(t)$ を 0 と置いた,

$$ay''(t)+by'(t)+cy(t)=0 \tag{3.8}$$

を (3.7) 式の同次方程式とか斉次方程式とよびます。また, この同次方程式の解を一般解といいます。一般解は微分方程式の次数（階数）に等しい数の積分定数を含んでいます。線形微分方程式の解はこの同次方程式の解と, 強制項がある場合の特殊解（特解）の和, すなわち一般解 + 特解で表されます。

(3.8) 式は一般性を損ねることなく,

$$y''(t)+a_1 y'(t)+a_2 y(t)=0 \tag{3.9}$$

と表現することができます。一般に n 次の微分方程式であれば,

$$y^{(n)}(t)+a_1 y^{(n-1)}(t)+\cdots+a_{n-1} y'(t)+a_n y(t)=0 \tag{3.10}$$

となります。ここで $y^{(n)}(t)$ は $y(t)$ の n 次微分を表します。

(3.10) 式の一般解は次数に関係なく演算子法とよばれる方法で解くことができます。演算子とは,

$$D=\frac{d}{dt} \tag{3.11}$$

のことです。このとき,

$$\frac{dy}{dt}=Dy$$

$$\frac{d^2 y}{dt^2}=\frac{d}{dt}\frac{dy}{dt}=D \cdot Dy=D^2 y$$

$$\frac{d^n y}{dt^n}=\frac{d}{dt}\frac{d^{(n-1)} y}{dt^{(n-1)}}=(D \cdots D)y=D^n y \tag{3.12}$$

と表現することができます。ここで, D^n は D の n 乗と見て ( ) は付けません。この演算子を用いれば (3.10) 式は,

$$D^n y + a_1 D^{n-1} y + \cdots + a_{n-1} D y + a_n y = 0 \tag{3.13}$$

となります。(3.13)式を，

$$(D^n + a_1 D^{n-1} + \cdots + a_{n-1} D + a_n) y = 0 \tag{3.14}$$

と表現します。このとき，微分方程式(3.10)式の解は，

$$f(D) = D^n + a_1 D^{n-1} + \cdots + a_{n-1} D + a_n \tag{3.15}$$

と置けば，$f(D)$ を D に関する多項式と見て，$f(D)=0$ を満足する n 個の解を用いて表すことができるのです。$f(D)=0$ の n 個の解がすべて異なる場合，

$$D = \alpha_1, \ \alpha_2, \ \cdots, \ \alpha_n \tag{3.16}$$

とすれば，(3.10)式の解は，

$$y(t) = c_1 e^{\alpha_1 t} + c_2 e^{\alpha_2 t} + \cdots + c_{n-1} e^{\alpha_{n-1} t} + c_n e^{\alpha_n t} \tag{3.17}$$

となります。ここで $c_1, \ c_2, \ \cdots, \ c_n$ は積分定数です。もし，α_i が m 重解の場合は α_i についての解が，

$$y(t) = (d_1 + d_2 t + \cdots + d_m t^{m-1}) e^{\alpha_i t} \tag{3.18}$$

となります。$d_1, \ d_2, \ \cdots, \ d_n$ は積分定数です。この解法を演算子法とよび，線形定数系の微分方程式に対して次数に関係なくすべてに適用可能なのです。

例題 3.7

$\dfrac{dy}{dt} + ay = 0$ を解け。ただし，a は定数である。

解答 $\dfrac{d}{dt} = D$ とおけば，

$(D+a)y = 0$

$f(D) = D + a = 0$ の解は $D = -a$ だから，解は以下となります。

$y(t) = c e^{-at}$　ただし，c は積分定数です。

考察：$y(t) = c e^{-at}$ をもとの微分方程式に代入してみると，

$$\dfrac{dy}{dt} + ay = -ace^{-at} + ace^{-at} = 0$$

となり，$y(t) = ce^{-at}$ は与えられた微分方程式を満足していることが確認できます。なお，積分定数 c は別に与えられる初期条件から決定されます。たとえば，この問題で「$t=0$ で $y(0)=1$」という初期条件が与えられているとしたら，

$$y(0) = ce^0 = 1$$

から $c=1$ と決定されるのです。微分方程式の解の積分定数はすべて初期条件から決定されます。この初期条件は数学ではなく物理現象から決定されるのです。なお，この例題は変数分離形と見れば例題 3.5 と同じです。

例題 3.8

$\dfrac{d^2y}{dt^2} + \dfrac{dy}{dt} - 2y = 0$ を解け。

解答 演算子 D を用いれば，

$$(D^2 + D - 2)y = 0$$

から，

$$f(D) = D^2 + D - 2 = (D+2)(D-1) = 0$$

です。したがって $f(D) = 0$ の解は $D = -2, 1$ となり解は，

$$y(t) = c_1 e^{-2t} + c_2 e^t$$

例題 3.9

$\dfrac{d^2y}{dt^2} + 2\dfrac{dy}{dt} + y = 0$ を解け。

解答 $f(D) = D^2 + 2D + 1 = (D+1)^2 = 0$

から $D = -1$ が重根です。したがって，解は，

$$y(t) = (c_1 + c_2 t)e^{-t} \quad ①$$

考察：$y(t) = (c_1 + c_2 t)e^{-t}$ をもとの微分方程式に代入してみます。

$$\frac{dy}{dt} = c_2 e^{-t} - (c_1 + c_2 t)e^{-t}$$

$$\frac{d^2y}{dt^2} = -c_2 e^{-t} - c_2 e^{-t} + (c_1 + c_2 t)e^{-t}$$

$\{-c_2 e^{-t} - c_2 e^{-t} + (c_1 + c_2 t)e^{-t}\} + 2\{c_2 e^{-t} - (c_1 + c_2 t)e^{-t}\} + (c_1 + c_2 t)e^{-t} = 0$ であり，①式はもとの微分方程式を満足していることが確認できます。

例題 3.10

$\dfrac{d^2y}{dt^2}+2\dfrac{dy}{dt}+3y=0$ を解け。

解答 $f(D)=D^2+2D+3=0$ から $D=-1\pm i\sqrt{2}$ です。したがって，解は，
$$y(t)=c_1 e^{(-1+i\sqrt{2})t}+c_2 e^{(-1-i\sqrt{2})t}=e^{-t}(c_1 e^{i\sqrt{2}t}+c_2 e^{-i\sqrt{2}t})$$

例題 3.11

$\dfrac{d^3y}{dt^3}+5\dfrac{d^2y}{dt^2}+8\dfrac{dy}{dt}+4y=0$ を解け。

解答 $f(D)=D^3+5D^2+8D+4=(D+1)(D+2)^2=0$ から
$D=-1, -2$ で -2 は重根です。したがって，解は，
$$y(t)=c_1 e^{-t}+(c_2+c_3 t)e^{-2t}$$

次に，強制項を含む例を示します。強制項を含む場合は同次方程式の一般解のほかに特解を 1 つ探してこなければなりません。特解の探し方は発見的ですが，与えられた微分方程式を満足する解を何か 1 つ探し出せば良いのです。代表的な特解の例を示しておきましょう。

例題 3.12

$\dfrac{d^2y}{dt^2}+2\dfrac{dy}{dt}+2y=1$ を解け。

解答 $f(D)=D^2+2D+2=0$ から，$D=-1\pm i$ です。したがって，同次方程式の一般解は，
$$y(t)=c_1 e^{(-1+i)t}+c_2 e^{(-1-i)t}=e^{-t}(c_1 e^{it}+c_2 e^{-it})$$

です。特解は微分方程式を一見して $y(t)=\dfrac{1}{2}$ に気づきます。なぜなら定数の微分はすべて 0 ですから，$y(t)=\dfrac{1}{2}$ を問題式に代入すれば $1=1$ となって，$y(t)=\dfrac{1}{2}$ が問題式を満足していることが確認できるのです。したがって一般解は，

$$y(t) = \frac{1}{2} + e^{-t}(c_1 e^{it} + c_2 e^{-it})$$

強制項が定数の場合はいつもこの方法で特解の 1 つを知ることができます。

例題 3.13

$\dfrac{d^2y}{dt^2} + \dfrac{dy}{dt} - 2y = e^{-t}$ を解け。

解答 同次方程式は例題 3.8 と同じです。したがって同次方程式の一般解は，

$$y(t) = c_1 e^{-2t} + c_2 e^{t}$$

です。この同次方程式の一般解に特解を 1 つ探して加えれば，それが全体の一般解になります。外力項の e^{-t} は何回微分しても関数の形が変化しないことから，1 つの特解を $y(t) = ce^{-t}$ と予測して代入してみます。

$$(c - c - 2c)e^{-t} = e^{-t}$$

から $c = -\dfrac{1}{2}$ であればもとの微分方程式を満足します。

したがって，一般解は，

$$y(t) = c_1 e^{-2t} + c_2 e^{t} - \frac{1}{2} e^{-t}$$

例題 3.14

$\dfrac{d^2y}{dt^2} + \dfrac{dy}{dt} - 2y = e^{-2t}$ を解け。

解答 同次方程式の一般解は例題 3.13 と同じで，

$$y(t) = c_1 e^{-2t} + c_2 e^{t}$$

です。今度は e^{-2t} の項がすでに同次式の一般解に含まれてしまっています。そのことは $f(D) = D^2 + D - 2$ において $f(-2) = 0$ となることでも確認することができます。この場合の特解は $y = cte^{-2t}$ と置けば，

$$\frac{dy}{dt} = ce^{-2t} - 2cte^{-2t}$$

$$\frac{d^2y}{dt^2} = -2ce^{-2t} - 2ce^{-2t} + 4cte^{-2t}$$

ですから，問題式に代入して $c=-\dfrac{1}{3}$ が得られます。

したがって，一般解は，
$$y(t)=c_1 e^{-2t}+c_2 e^t-\dfrac{1}{3}te^{-2t}$$

例題 3.16

$\dfrac{d^2 y}{dt^2}+\dfrac{dy}{dt}-2y=t^2$ を解け。

解答 強制項が2次の多項式の場合の特解は $y=a+bt+ct^2$ とおきます。

$$\dfrac{dy}{dt}=b+2ct$$

$$\dfrac{d^2 y}{dt^2}=2c$$

ですから，これらをもとの微分方程式に代入すれば，

$-2a+b+2c=0$

$2c-2b=0$

$2c=-1$

から $a=-\dfrac{3}{4}$, $b=-\dfrac{1}{2}$, $c=-\dfrac{1}{2}$ が得られます。したがって，一般解は，

$$y(t)=c_1 e^{-2t}+c_2 e^t-\dfrac{3}{4}-\dfrac{1}{2}t-\dfrac{1}{2}t^2$$

例題 3.16

$\dfrac{d^2 y}{dt^2}+\dfrac{dy}{dt}-2y=\sin t$ を解け。

解答 この場合の特解は $y=a\sin t+b\cos t$ とおきます。一般解は次式です。

$$y(t)=c_1 e^{-2t}+c_2 e^t-\dfrac{3}{10}\sin t-\dfrac{1}{10}\cos t$$

❸-❻ 線形時変数系の解法

　線形定数系の次は線形時変数系です。たとえば，2次系の例を示せば，
$$a(t)y''(t)+b(t)y'(t)+c(t)y(t)=f(t) \tag{3.19}$$
の形を線形時変数系の微分方程式といいます。線形定数形との違いは係数にあります。係数 a, b, c が定数の場合が線形定数形で，$a(t)$, $b(t)$, $c(t)$ のように時間の関数（独立変数の関数）になっている場合が線形時変数系なのです。

　線形微分方程式も時変数系になるともう演算子法のような体系的な便利な解法はありません。1次の場合に限って解析解が与えられているに過ぎません。高次微分方程式の場合は行列形式の連立1次微分方程式で表現しますが，その一般的な解法は与えられていないのです（参考文献8，P.141参照）。

　1次の線形時変数系微分方程式は，
$$\frac{dy}{dt}+P(t)y=Q(t) \tag{3.20}$$
で表されます。(3.20)式が教養数学で微分方程式の初等解法として教える線形なのです。教養数学では独立変数は一般に x のことが多いですから，
$$\frac{dy}{dx}+P(x)y=Q(x) \tag{3.21}$$
と表現されています。
$$\frac{dy}{dx}+P(x)y+Q(x)=0 \tag{3.22}$$
と表現されることもあります。(3.20)式でもし $P(t)$ が定数 a であれば，
$$\frac{dy}{dt}+ay=Q(t) \tag{3.23}$$
となり，これは線形1次定数系微分方程式になります。また(3.20)式，(3.23)式において強制項 $Q(t)$ が0の場合，すなわち，
$$\frac{dy}{dt}+P(t)y=0 \tag{3.24}$$
$$\frac{dy}{dt}+ay=0 \tag{3.25}$$
を同次方程式（斉次方程式）とよびます。

(3.20)式や(3.23)式の解は，(3.24)式，(3.25)式の一般解に，(3.20)式や(3.23)式を満足するある特解を加えた形で与えられます。線形定数形の場合の特解の代表的な例についてはすでに3.5節で説明しました。

そこでまず同次方程式(3.24)式を解きましょう。定数係数の(3.25)式の場合はすでに3.5節で説明したように，演算子法により，

$$(D+a)y=0 \tag{3.26}$$

から，一般解は，

$$y(t)=ce^{-at} \tag{3.27}$$

でした。時変数系の(3.24)式の場合は，

$$\frac{dy}{dt}+P(t)y=0$$

が変数分離形の形をしていますから，

$$\frac{1}{y}dy=-P(t)dt \tag{3.28}$$

から，

$$\log_e|y|=-\int p(t)dt+c \tag{3.29}$$

が得られます。ここで c は積分定数です。したがって，同次方程式の一般解を，

$$y(t)=Ae^{-\int p(t)dt} \tag{3.30}$$

と表現することができます。$A=e^c$ です。(3.30)式のことを，

$$y(t)=A\exp\left(-\int p(t)dt\right) \tag{3.31}$$

とも表現します。(3.30)式が同次方程式(3.24)式の一般解なのです。

次に定数変化法を用いて(3.20)式の特解を求めます。(3.30)式の係数 A を時間の関数と考えて(3.20)式の1つの特解を，

$$y=A(t)e^{-\int p(t)dt} \tag{3.32}$$

と仮定します。この手法を定数変化法といいます。このとき，

$$\frac{dy}{dt}=\frac{dA}{dt}e^{-\int p(t)dt}+A\frac{d}{dt}(e^{-\int p(t)dt})=\frac{dA}{dt}e^{-\int p(t)dt}-Ap(t)e^{-\int p(t)dt} \tag{3.33}$$

です。第2項は $z=-\int p(t)dt$ と置いて置換微分します。(3.32)式は(3.20)式の解ですから，(3.32)式と(3.33)式を(3.20)式に代入して，

$$\frac{dA}{dt}e^{-\int p(t)dt}=Q(t)$$

$$\frac{dA}{dt}=Q(t)e^{\int p(t)dt}$$

$$A(t)=\int Q(t)e^{\int p(t)dt}dt \tag{3.34}$$

が得られます。ここでは特解ですから適当な解が1つあれば良いわけで，積分定数は0にしています。(3.34)式を(3.32)式に代入すれば特解は，

$$y=A(t)e^{-\int p(t)dt}=e^{-\int p(t)dt}\int Q(t)e^{\int p(t)dt}dt \tag{3.35}$$

で与えられます。したがって，(3.20)式の一般解は(3.30)式と(3.35)式から，

$$y(t)=e^{-\int p(t)dt}\left\{A+\int Q(t)e^{\int p(t)dt}dt\right\} \tag{3.36}$$

となります。一般的な式で書くと大変難しくなりますので，次の例題で解き方を覚えましょう。

例題 3.17

微分方程式 $\dfrac{dy}{dt}-y=t$ を解け。

解答 線形微分方程式 $\dfrac{dy}{dt}+p(t)y=Q(t)$ において $p(t)=-1$，$Q(t)=t$ の場合です。この例は外力がある線形定数形ですから，3.5節で説明した演算子法で解くことができますが，本節での説明に従って解いてみましょう。まず，同次式，

$$\frac{dy}{dt}-y=0$$

から，これを変数分離形と見て，

$$\frac{1}{y}dy=dt$$

を両辺それぞれ積分して，

$$\log_e y=t+c$$

です。したがって一般解は，

$$y=e^{t+c}=e^c e^t=Ae^t$$

とすることができます。これが(3.30)式です。なぜなら，$p(t)=-1$ だから，

$$y=Ae^{-\int p(t)dt}=Ae^{\int dt}=Ae^t$$

なのです。次に，定数変化法で特解を求めます。

$$y=A(t)e^t \qquad ①$$

が与えられた微分方程式の解になっていると仮定します。これが(3.32)式に相当します。このとき，

$$\frac{dy}{dt}=\frac{dA}{dt}e^t+Ae^t \qquad ②$$

です。この式が(3.33)式に相当します。①式と②式を問題式に代入して，

$$\frac{dA}{dt}=te^{-t}$$

$$A=\int te^{-t}dt=t\int e^{-t}dt-\iint e^{-t}dtdt=-e^{-t}(1+t) \qquad ③$$

が得られます。これが(3.34)式に相当します。したがって，特解は，

$$y=A(t)e^t=-(1+t) \qquad ④$$

であり(3.35)式に対応します。なぜなら $p(t)=-1$, $Q(t)=t$ だから(3.35)式は，

$$y=e^{-\int -1dt}\int te^{\int -1dt}dt=e^t\int te^{-t}dt=e^t\left\{t\int e^{-t}dt-\iint e^{-t}dtdt\right\}=-(1+t)$$

なのです。結局，解は，

$$y(t)=Ae^t-(1+t) \qquad ⑤$$

で与えられます。これが(3.36)式なのです。

線形1次微分方程式の解は(3.36)式の形で覚えるよりも解法を覚えるべきでしょう。要約すると次の通りです。

1 同次方程式の一般解を変数分離形として求める。
2 定数変化法で特解を求める。
3 同次方程式の一般解と特解を加えて一般解とする。

例題 3.18

$\dfrac{dy}{dt} + \dfrac{1}{2t}y = t$ を解け。

解答 　同次方程式は,

$$\frac{dy}{dt} + \frac{1}{2t}y = 0$$

です。これは変数分離形ですから,

$$\int \frac{1}{y}dy = -\frac{1}{2}\int \frac{1}{t}dt$$

から同次方程式の一般解は,

$$\log_e y = -\frac{1}{2}\log_e t + c$$

$$y(t) = \frac{A}{\sqrt{t}}$$

です。次に定数変化法で特解を求めます。特解の1つを,

$$y = \frac{A(t)}{\sqrt{t}}$$

とすれば,

$$\frac{dy}{dt} = \frac{dA}{dt}\frac{1}{\sqrt{t}} - \frac{A}{2}t^{-\frac{3}{2}}$$

だから,

$$\frac{dA}{dt}\frac{1}{\sqrt{t}} - \frac{A}{2}t^{-\frac{3}{2}} + \frac{A}{2}t^{-\frac{3}{2}} = t$$

$$A(t) = \frac{2}{5}t^{\frac{5}{2}}$$

です。したがって, 特解の1つは,

$$y = \frac{2}{5}t^{\frac{5}{2}}\frac{1}{\sqrt{t}} = \frac{2}{5}t^2$$

であり, 一般解は次式となります。

$$y(t) = \frac{A}{\sqrt{t}} + \frac{2}{5}t^2$$

2次以上の線形時変数系微分方程式については, とくに制御工学の最適制御理

論の分野で詳しく取り扱われていますが（例えば文献 8, P. 134～），解析的な解を求めることは決して容易ではありません。もし必要が発生した場合には，厳密な解析解を求めようとするより，むしろ 3-8 節で説明する数値解法による方が賢明ではないでしょうか。

❸-❼ さまざまな物理現象の微分方程式

これまでは与えられた微分方程式を解くことだけを考えてきました。しかし，工学では，微分方程式を得ることの方がより重要なのです。力学での運動方程式や電気回路での回路方程式がこの微分方程式に相当します。

> **例題 3.19** 熱系の問題 — 瞬間湯沸かし器
> 瞬間湯沸かし器について，加える熱量 $x(t)$〔J/s〕と流れ出る湯温 $y(t)$〔K〕の関係を求めよ。

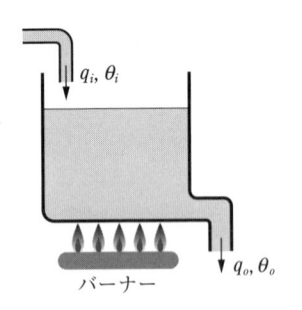

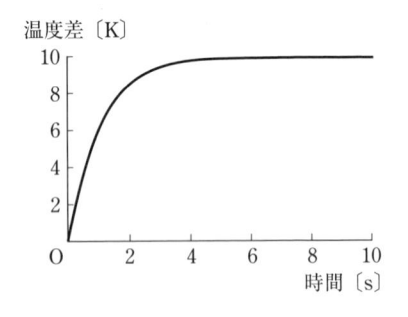

解答 記号を次のように定めます。

単位時間あたりの流入水質量 q_i〔kg/s〕
単位時間あたりの流出水質量 q_o〔kg/s〕
流入水の温度 θ_i〔K〕
流出水の温度 θ_o〔K〕
加熱する単位時間あたりの熱量 $x(t)$〔J/s〕
流入流出水の温度差 $y(t) = (\theta_o - \theta_i)$〔K〕

タンクの熱容量 C 〔J/K〕

水の比熱 c 〔J/(kg・K)〕

単位についての説明は付録を参照して下さい。水の比熱 c は，質量 1〔kg〕の水を 1〔K〕上げるのに必要な熱量〔J〕ですから，単位は〔J/(kg・K)〕です。また，タンクの熱容量 C はタンクの温度を 1〔K〕上げるのに必要な熱量〔J〕ですから，単位は〔J/K〕です。

いま，タンクに流入している質量と流出している質量がバランスしている定常状態 $q_i=q_o=q$ について考えます。また，タンクからの熱の損失はなく，タンク内の温度は一様であると仮定します。

このとき，加えた熱量はタンク内の温度上昇に要した熱量と流出した熱量の和に等しいから，

$$C\frac{dy(t)}{dt}+qcy(t)=x(t) \qquad ①$$

が成り立ちます。左辺第1項が単位時間あたりのタンクの温度上昇に要した熱量で第2項は流出熱量です。ここで，単位を確認しておきましょう。

$$C\frac{dy(t)}{dt}=\left[\frac{J}{K}\right]\cdot\left[\frac{K}{s}\right]=\left[\frac{J}{s}\right]$$

$$qcy(t)=\left[\frac{kg}{s}\right]\left[\frac{J}{kg\cdot K}\right]〔K〕=\left[\frac{J}{s}\right]$$

このように工学で成立する等式は単位だけを計算しても必ず等しくなっています。なお，微分は時間で割る，積分は時間を掛けると憶えて下さい。そこで①式は，

$$\frac{dy(t)}{dt}+\frac{cq}{C}y(t)=\frac{1}{C}x(t) \qquad ②$$

ですから②式は1次の線形定数系微分方程式になります。

ここで以下のように仮定してみましょう。タンクの容量を 1〔ℓ〕とすればタンク内の水の質量は 1〔kg〕です。このタンクに温度 θ_i〔℃〕の水が毎秒 1〔kg〕流入し，温度 θ_o〔℃〕の湯が毎秒 1〔kg〕流出しているとします。また初期条件として時刻 $t=0$ で流入水，流出水およびタンク内の水温を 10〔℃〕=283〔K〕とし，毎秒（一定の）$x(t)=4.2\times10^4$〔J/s〕の熱量を加えるものとします。

水の比熱は $c=1$ 〔cal/(g・K)〕$=4.2\times10^3$ 〔J/(kg・K)〕

タンクの熱容量は $C=4.2\times10^3$ 〔J/K〕

とすれば,

$$\frac{cq}{C}=\frac{4.2\times10^3\times1}{4.2\times10^3}=1 \qquad ③$$

$$\frac{1}{C}=\frac{1}{4.2\times10^3} \qquad ④$$

となり,③,④式と $x(t)=4.2\times10^4$ 〔J/s〕を②式に代入して,

$$\frac{dy(t)}{dt}+y(t)=10 \qquad ⑤$$

です。数学ではこの⑤式からスタートするのです。⑤式は定数係数の線形1次微分方程式であり,解は同次方程式の一般解と1つの特解の和で与えられます。一般解は $y(t)=ae^{-t}$ で,1つの特解は明らかに $y(t)=10$ ですから(⑤式に代入して確認して下さい),⑤式の解は,

$$y(t)=ae^{-t}+10 \qquad ⑥$$

となります。

次に,積分定数 a の値を初期条件から決定します。初期条件は $t=0$ で流入水,流出水およびタンク内の水温が 10 〔℃〕$=283$ 〔K〕ですから,流入水と流出水の温度差は $y(t)=0$ となります。したがって,⑥式から,

$$a=-10 \qquad ⑦$$

が得られます。よって,解は,

$$y(t)=10(1-e^{-t}) \qquad ⑧$$

となります。この問題では $y(t)=\theta_o(t)-\theta_i(t)$ としましたから,流入水の水温に対して流出水の湯温が定常的には 10 〔℃〕高くなる湯沸かし器になっています。

例題 3.20 流体系の問題 — 貯水タンクの水位

断面積 A 〔m²〕の円筒形貯水タンクについて，単位時間あたりの流入水体積を $q_i(t)$ 〔m³/s〕，流出水体積を $q_o(t)$ 〔m³/s〕としたとき，水位変動 $h(t)$ を求めよ。

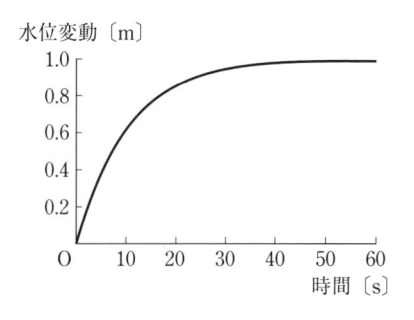

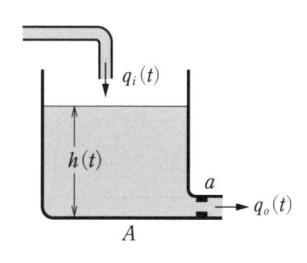

解答 記号を次のように定めます。

単位時間あたりの流入水体積 $q_i(t)$ 〔m³/s〕

単位時間あたりの流出水体積 $q_o(t)$ 〔m³/s〕

水位 $h(t)$ 〔m〕

タンク断面積 A 〔m²〕

流出口断面積 a 〔m²〕

流出係数 η 〔−〕

重力の加速度 g 〔m/s²〕

このとき，タンク内の水位の変動は，流入量と流出量の差によって発生するから，

$$A\frac{dh(t)}{dt} = q_i(t) - q_o(t) \qquad ①$$

で表されます。①式で流出口からの単位時間あたりの流出体積は水位 $h(t)$ の関数で，水力学の公式から，

$$q_o(t) = \eta a \sqrt{2gh(t)} \qquad ②$$

で与えられます。ここで，②式の単位を確認しておきましょう。

$$\eta a\sqrt{2gh(t)} = [-][\mathrm{m}^2]\left[\sqrt{\frac{\mathrm{m}}{\mathrm{s}^2}\mathrm{m}}\right] = \left[\frac{\mathrm{m}^3}{\mathrm{s}}\right] \qquad ③$$

となり，①式の左辺や $q_i(t)$ と一致しています。そこで，②式を①式に代入すれば，

$$A\frac{dh(t)}{dt} = q_i(t) - \eta a\sqrt{2gh(t)} \qquad ④$$

です。移項して，

$$A\frac{dh(t)}{dt} + \eta a\sqrt{2gh(t)} = q_i(t) \qquad ⑤$$

です。⑤式は1次の微分方程式ですが，第2項の $h(t)$ に $\sqrt{}$ がついているため非線形になっており，このままでは解くことができません。

そこで，平衡状態からの微少変動という考え方で⑤式を近似線形化することを考えます。平衡状態では水位変動はありませんから，

$$\frac{dh(t)}{dt} = 0 \qquad ⑥$$

です。このとき，⑤式から，

$$\eta a\sqrt{2gh_0} = q_{i0} \qquad ⑦$$

です。q_{i0} は平衡状態での流入量を表しています。すなわち流入量 q_{i0} に対して，⑦式が満たされる水位 h_0 で流入量と流出量が等しくなり平衡状態となるのです。

この平衡状態において流入量 q_i が q_{i0} から Δq だけ変動したと仮定します。この変動によって水位も h_0 から Δh だけ変動したとすれば，

$$q_i(t) = q_{i0} + \Delta q(t), \quad h(t) = h_0 + \Delta h(t) \qquad ⑧$$

です。このとき⑤式の左辺第2項は，$\Delta h(t)/h_0 \ll 1$ を考慮して(2.35)式の2項級数展開を用いれば，

$$\eta a\sqrt{2gh(t)} = \eta a\sqrt{2g(h_0 + \Delta h(t))} = \eta a\sqrt{2gh_0}\left(1 + \frac{\Delta h(t)}{h_0}\right)^{\frac{1}{2}}$$

$$= \eta a\sqrt{2gh_0}\left(1 + \frac{1}{2}\cdot\frac{\Delta h(t)}{h_0} - \frac{1}{8}\left(\frac{\Delta h(t)}{h_0}\right)^2 + \cdots\right) \qquad ⑨$$

ですから，第2項までで近似するとすれば，

$$\eta a\sqrt{2gh(t)} = \eta a\sqrt{2gh_0}\left(1 + \frac{1}{2}\cdot\frac{\Delta h(t)}{h_0}\right) \qquad ⑩$$

とすることができます。⑧式と⑩式を⑤式に代入すれば，

$$A\frac{d\Delta h(t)}{dt} + \eta a\sqrt{2gh_0}\left(1 + \frac{1}{2}\cdot\frac{\Delta h(t)}{h_0}\right) = q_{i0} + \Delta q(t) \qquad ⑪$$

です。平衡状態においては，⑦式から，$\eta a\sqrt{2gh_0} = q_{i0}$ですから⑪式は，

$$A\frac{d\Delta h(t)}{dt} + \frac{q_{i0}}{2h_0}\Delta h(t) = \Delta q(t) \qquad ⑫$$

です。ここで変数をあらためて，

$$\Delta h(t) = x(t), \quad \Delta q(t) = y(t) \qquad ⑬$$

と書き直せば，

$$\frac{dx(t)}{dt} + \frac{q_{i0}}{2h_0 A}x(t) = \frac{1}{A}y(t) \qquad ⑭$$

が得られます。この⑤式から⑭式への変換は平衡点近傍での近似線形化とよばれ，工学で重要な解析手法の1つです。⑭式は1次の線形定数系ですから解は例題3.19とまったく同じ形になります。

たとえば，半径1〔m〕の円筒タンクで$q_{i0} = 3.14$〔m³/s〕のとき$h_0 = 5$〔m〕で平衡状態にあるタンクで$y(t) = 0.314$〔m³/s〕とすれば，

$$\frac{dx(t)}{dt} + 0.1x(t) = 0.1 \qquad ⑮$$

となって，解は$t=0$で$x(0)=0$とすれば，

$$x(t) = 1 - e^{-0.1t} \qquad ⑯$$

です。水位が1〔m〕上昇して定常状態に落ち着きます。

例題 3.21 電気回路の問題 — RL回路

図に示すRL回路にパルス形起電力$E(t)$を加えたときの回路に流れる電流$i(t)$を求めよ。ただし$t=0$で$i(0)=0$とする。

解答 回路方程式は，

$$L\frac{di(t)}{dt} + Ri(t) = E(t) \qquad ①$$

です。電流$i(t)$が流れることによって発生するコイルの自己誘導起電力は$Ldi(t)/dt$，抵抗Rでの電圧降下は$Ri(t)$です。①式はそのまま憶えた方が良いでしょう。ここで，

(a) (b)

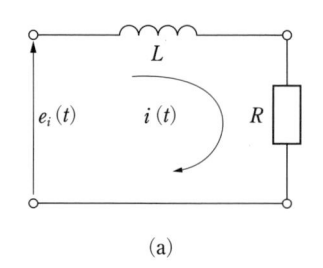

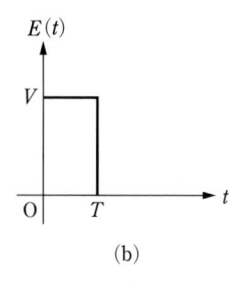

$$E(t) = V \quad (0 \leq t < T)$$
$$ = 0 \quad (t \geq T) \qquad ②$$

です。したがって，①式の微分方程式は $0 \leq t < T$ と $t \geq T$ の 2 つの場合に分けて解くことになります。まず $0 \leq t < T$ の場合です。このとき①式は，

$$L\frac{di(t)}{dt} + Ri(t) = V \qquad ③$$

です。また，同次方程式は，

$$L\frac{di(t)}{dt} + Ri(t) = 0 \qquad ④$$

です。同次方程式を演算子法で解けば，

$$(LD+R)i(t) = 0 \qquad ⑤$$

から同次方程式の一般解は，

$$i(t) = ce^{-\frac{R}{L}t} \qquad ⑥$$

で与えられます。c は積分定数です。次に，③式の 1 つの特解は，

$$i(t) = \frac{V}{R} \qquad ⑦$$

です。これは⑦式を③式に代入してみればわかります。したがって $0 \leq t < T$ の場合の一般解は，

$$i(t) = ce^{-\frac{R}{L}t} + \frac{V}{R} \qquad ⑧$$

となります。ここで，初期条件は $t=0$ で $i(0)=0$ ですから，

$$i(0) = c + \frac{V}{R} = 0 \qquad ⑨$$

から積分定数 c は，

$$c = -\frac{V}{R} \qquad ⑩$$

となります。したがって，$0 \leq t < T$ での③式の一般解は，

$$i(t) = \frac{V}{R}(1 - e^{-\frac{R}{L}t}) \qquad ⑪$$

となります。

　次に，$t \geq T$ の場合です。この場合は $E(t) = 0$ ですから，回路方程式は④式と同じになり，解は積分定数を c' とすれば，

$$i(t) = c'e^{-\frac{R}{L}t} \quad (t \geq T) \qquad ⑫$$

です。ただし，ここで c' を $0 \leq t < T$ のときの解と整合するように決めなければなりません。すなわち，$0 \leq t < T$ のときの $t = T$ における解の値が，$t \geq T$ の場合の $t = T$ における解の値にならなければいけないのです。したがって，⑪式，⑫式から，

$$i(T) = \frac{V}{R}(1 - e^{-\frac{R}{L}T}) = c'e^{-\frac{R}{L}T} \qquad ⑬$$

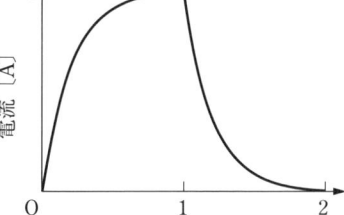

$$c' = \frac{V}{R}(e^{\frac{R}{L}T} - 1) \qquad ⑭$$

となり，$t \geq T$ での解は，

$$i(t) = \frac{V}{R}(e^{\frac{R}{L}T} - 1)e^{-\frac{R}{L}t} \qquad ⑮$$

で与えられます。$R = 1$〔Ω〕，$L = 0.2$〔H〕，$V = 1$〔V〕，$T = 1$〔s〕とした場合の結果はグラフのとおりです。

例題 3.22　自由落下問題

　質量 m〔kg〕の物体を 50〔m〕の高さから自由落下させた場合の物体の運動について解け。ただし，空気抵抗は無視できるものとし，重力の加速度は $g = 9.8$〔m/s²〕とせよ。

解答 例題 3.1 で概略を説明しましたが，ここで正確に説明しておきましょう。地表を原点として垂直上方に高さ $h(t)$〔m〕を考えます。このとき，物体の初期位置は $t=0$ で $h(0)=50$〔m〕となります。任意の時刻における物体の高さは $h(t)$〔m〕ですから，物体の速度は $\dfrac{dh(t)}{dt}$，加速度は $\dfrac{d^2h(t)}{dt^2}$ です。自由落下する物体に働く力は重力の mg〔N〕だけで，この力は $h(t)$ の正の方向に対して逆方向ですから，ニュートンの運動方程式は，

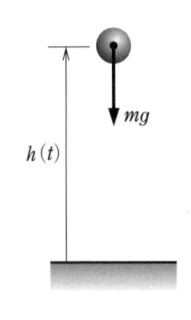

$$m\frac{d^2h(t)}{dt^2}=-mg \qquad ①$$

となります。したがって，自由落下の運動方程式として，

$$\frac{d^2h(t)}{dt^2}=-g \qquad ②$$

が得られます。これは線形 2 次の微分方程式です。例題 3.1 とは符号が異なりますが，これは座標の原点の選び方によります。物体の初期位置を原点として垂直下方に落下距離を正に取れば例題 3.1 の形になります。

また，②式から自由落下に関しては物体の質量 m は関係がありません。これがガリレイのピサの斜塔の実験の意味なのです。②式は両辺を t で 1 回積分すれば，

$$\frac{dh(t)}{dt}=-gt+c_1 \qquad ③$$

さらにもう 1 回積分して，

$$h(t)=-\frac{1}{2}gt^2+c_1t+c_2 \qquad ④$$

が得られます。c_1，c_2 は積分定数です。ここで，積分定数について考えます。自由落下ということは投げ上げたり投げ下ろしたりしない，すなわち落下の初速度が 0 ということです。したがって③式から，

$$h'(0)=c_1=0 \qquad ⑤$$

です。また，初期位置は $h(0)=50$〔m〕ですから，④式から，

$$h(0)=c_2=50 \qquad ⑥$$

です。したがって，解は，
$$h'(t) = -gt \qquad ⑦$$
$$h(t) = -\frac{1}{2}gt^2 + 50 \qquad ⑧$$

となります。地面に落ちるまでの所用時間は⑧式で高さが $h(t)=0$ だから，
$$-\frac{1}{2}gt^2 + 50 = 0$$
から，
$$t = \sqrt{\frac{100}{g}} \cong 3.2 \text{ [s]}$$
となります。また，地面への衝突速度は $|h'(3.2)| \cong 31.4$ [m/s] です。

例題 3.23 放物運動

質量 m [kg] の物体を初速度 v_0 [m/s]，発射角 θ_0 [°] で発射したときの軌跡を求めよ。ただし，空気抵抗は無視し，重力の加速度は $g=9.8$ [m/s^2] とせよ。

解答 発射点を原点とし，発射水平方向に x 軸，垂直方向に z 軸を取ります。x 軸方向に作用する外力は 0 で，z 軸方向には重力の $-mg$ です。初速度は力ではありませんから，運動方程式に直接入るのではなく，初期条件として入ります。したがって，運動方程式は，

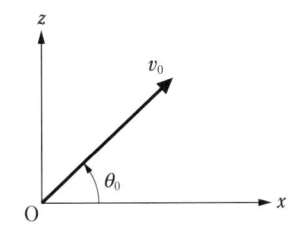

$$m\frac{d^2x(t)}{dt^2} = 0 \qquad ①$$
$$m\frac{d^2z(t)}{dt^2} = -mg \qquad ②$$

です。この場合も質量 m [kg] による違いは発生しません。①式，②式はいずれも線形2次の微分方程式で左辺，右辺を単独に積分することができます。したがって，

$$x'(t) = c_1 \qquad ③$$

$$x(t) = c_1 t + c_2 \qquad ④$$

$$z'(t) = -gt + c_3 \qquad ⑤$$

$$z(t) = -\frac{1}{2}gt^2 + c_3 t + c_4 \qquad ⑥$$

です。ここで，初期条件は，

$$x'(0) = v_0 \cos\theta_0 \quad , \quad z'(0) = v_0 \sin\theta_0 \qquad ⑦$$

$$x(0) = 0 \quad , \quad z(0) = 0 \qquad ⑧$$

です。⑦式，⑧式を③式から⑥式に代入して，

$$c_1 = v_0 \cos\theta_0 \quad , \quad c_2 = 0 \qquad ⑨$$

$$c_3 = v_0 \sin\theta_0 \quad , \quad c_4 = 0 \qquad ⑩$$

です。したがって物体の軌跡は，

$$x(t) = v_0 \cos\theta_0 \cdot t \qquad ⑪$$

$$z(t) = -\frac{1}{2}gt^2 + v_0 \sin\theta_0 \cdot t \qquad ⑫$$

で与えられます。

　たとえば頂点では z 方向の速度は 0 ですから⑤式と⑩式から，

$$z'(t) = -gt + v_0 \sin\theta_0 = 0 \qquad ⑬$$

だから，頂点に達するまでの時間は，

$$t_p = \frac{v_0 \sin\theta_0}{g} \qquad ⑭$$

です。⑭式を⑪式，⑫式に代入することにより，頂点の座標は，

$$x(t_p) = v_0 \cos\theta_0 \cdot \frac{v_0 \sin\theta_0}{g} = \frac{v_0{}^2 \sin 2\theta_0}{2g} \qquad ⑮$$

$$z(t_p) = -\frac{1}{2}g\left(\frac{v_0 \sin\theta_0}{g}\right)^2 + \frac{v_0{}^2 \sin^2\theta_0}{g} = \frac{v_0{}^2 \sin^2\theta_0}{2g} \qquad ⑯$$

となります。また，着地点では $z(t)=0$ になることを考えれば⑫式から，

$$t\left(-\frac{1}{2}gt + v_0 \sin\theta_0\right) = 0 \qquad ⑰$$

したがって，

$$t = 0 \quad , \quad \frac{2v_0 \sin\theta_0}{g} \qquad ⑱$$

です。$t=0$ は最初の発射地点に対応していますから $t_q = \dfrac{2v_0 \sin\theta_0}{g}$ となります。この例題では空気抵抗を考えていませんから t_p のちょうど2倍になっています。したがって飛翔距離は，

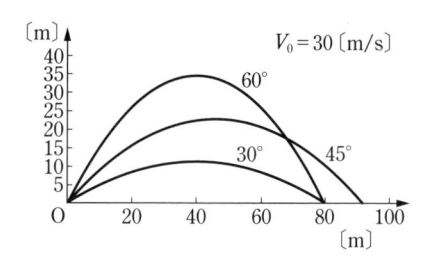

$$x(t_q) = v_0 \cos\theta_0 \cdot \dfrac{2v_0 \sin\theta_0}{g} = \dfrac{v_0{}^2 \sin 2\theta_0}{g} \qquad ⑲$$

となります。⑲式は $\theta_0 = 45$ 〔°〕のとき $\sin 2\theta_0 = 1$ で最大です。

例題 3.24 ロケットの場合

質量 m〔kg〕のロケットを発射角 θ_0〔°〕で発射した場合の軌跡を求めよ。ただしロケットは質点とし，推力を，

$T(t) = T$ 〔N〕 $(0 \leq t \leq t_0)$
　　　$= 0$ 　　　$(t > t_0)$

とせよ。また，空気抗力は無視せよ。

解答 ロケットの場合は推力を持つ代わりに初期値は位置，速度ともに0になります。

(1) $0 \leq t \leq t_0$ の場合

この場合の運動方程式は，

$$m\dfrac{d^2 x(t)}{dt^2} = T\cos\theta_0 \qquad ①$$

$$m\dfrac{d^2 z(t)}{dt^2} = T\sin\theta_0 - mg \qquad ②$$

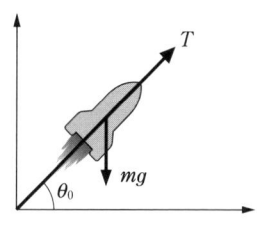

です。したがって，

$$\dfrac{d^2 x(t)}{dt^2} = \dfrac{T}{m}\cos\theta_0 \qquad ③$$

$$\dfrac{d^2 z(t)}{dt^2} = \dfrac{T}{m}\sin\theta_0 - g \qquad ④$$

3-7 さまざまな物理現象の微分方程式

です。③式,④式ともに右辺は定数ですから両辺をそのまま積分すれば,初期値がすべて 0 であることを考えて,

$$x'(t) = \frac{T}{m}\cos\theta_0 \cdot t \qquad ⑤$$

$$x(t) = \frac{T}{2m}\cos\theta_0 \cdot t^2 \qquad ⑥$$

$$z'(t) = \left(\frac{T}{m}\sin\theta_0 - g\right)t \qquad ⑦$$

$$z(t) = \frac{1}{2}\left(\frac{T}{m}\sin\theta_0 - g\right)t^2 \qquad ⑧$$

です。

(2) $t > t_0$ の場合

⑤式から⑧式の $t = t_0$ における値を初期値として,

$$\frac{d^2 x(t)}{dt^2} = 0 \qquad ⑨$$

$$\frac{d^2 z(t)}{dt^2} = -g \qquad ⑩$$

を解くことになります。$t = t_0$ における初期値は,

$$x'(t_0) = \frac{T}{m}\cos\theta_0 \cdot t_0 \qquad ⑪$$

$$x(t_0) = \frac{T}{2m}\cos\theta_0 \cdot t_0{}^2 \qquad ⑫$$

$$z'(t_0) = \left(\frac{T}{m}\sin\theta_0 - g\right)t_0 \qquad ⑬$$

$$z(t_0) = \frac{1}{2}\left(\frac{T}{m}\sin\theta_0 - g\right)t_0{}^2 \qquad ⑭$$

です。したがって⑨式,⑩式の解は,

$$x'(t) = \frac{T}{m}\cos\theta_0 \cdot t_0 \qquad ⑤'$$

$$x(t) = \frac{T}{m}\cos\theta_0 \cdot t_0 \cdot t - \frac{T}{2m}\cos\theta_0 \cdot t_0{}^2 \qquad ⑥'$$

$$z'(t) = -gt + \frac{T}{m}\sin\theta_0 \cdot t_0 \qquad ⑦'$$

$$z(t) = -\frac{1}{2}gt^2 + \frac{T}{m}\sin\theta_0 \cdot t_0 \cdot t - \frac{1}{2}\frac{T}{m}\sin\theta_0 \cdot t_0^2 \qquad ⑧'$$

で与えられます。$m = 0.2$〔kg〕,$T = 30$〔N〕,$t_0 = 0.3$〔s〕とした場合の結果を図に示します。このロケットはペットボトルロケット程度ですが,ロケットの姿勢変化や水噴出による質量変化は考慮していません。また空気抵抗も無視しています。空気抗力は一般に速度の2乗に比例しますが,この項を考慮に入れると微分方程式は非線形になり解析的に解くことは困難になります。空気抗力を考慮に入れると飛翔距離は減少します。例題 3.27 を参照して下さい。

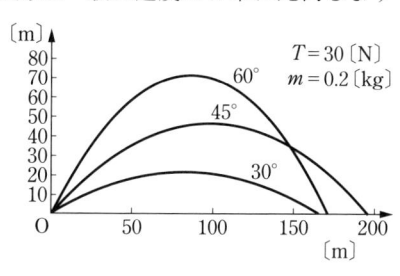

例題 3.25 単振動

図の質量・バネシステムの運動を解け。質量を m〔kg〕,バネ定数を k〔N/m〕とし,$t = 0$ で自然長からのバネの変位を $x(0) = x_0$ とせよ。また,そのとき $x'(0) = 0$ である。床面の摩擦は無視せよ。

解答　質量 m〔kg〕の物体の位置を $x(t)$〔m〕とすれば,運動方程式は,質量 m に発生する慣性力とフックの法則によるバネ力 $kx(t)$ との釣り合いから,

$$m\frac{d^2x(t)}{dt^2} = -kx(t) \qquad ①$$

です。①式で $x(t)$ はバネが伸びる方向が正になっていますから,右辺のバネによって引き戻される力は負になります。ただ,この符号については誰しも迷うところですから,右辺を移項して,

$$m\frac{d^2x(t)}{dt^2} + kx(t) = 0 \qquad ②$$

の形で憶えておいた方が良いでしょう。

そこで,②式の解について考えます。②式を変形して,

$$\frac{d^2x(t)}{dt^2} + \frac{k}{m}x(t) = 0 \qquad ③$$

とすれば，③式は定数係数系ですから演算子法で解くことができます。

$$D^2 + \frac{k}{m} = 0 \text{ から，} D = \pm i\sqrt{\frac{k}{m}} \text{ です。ここで，} \omega_n = \sqrt{\frac{k}{m}} \text{ と置けば，}$$

③式の解は，

$$x(t) = c_1 e^{i\omega_n t} + c_2 e^{-i\omega_n t}$$

です。初期条件 $t=0$ で $x(0)=x_0$, $x'(0)=0$ を使えば，

$$x(0) = c_1 + c_2 = x_0 \quad , \quad x'(0) = i\omega_n(c_1 - c_2) = 0$$

だから，

$$c_1 = c_2 = \frac{x_0}{2}$$

です。したがって，

$$x(t) = \frac{x_0}{2}(e^{i\omega_n t} + e^{-i\omega_n t}) = x_0 \cos \omega_n t$$

です。この振動現象は単振動とよばれています。ω_n のことを固有角周波数とよび，固有周波数 f_n とは $\omega_n = 2\pi f_n$ の関係にあります。なお，$e^{i\omega t}$ の微分は実数の $e^{\alpha t}$ と同じように $i\omega e^{i\omega t}$ とします。

❸-❽ 微分方程式の数値解法

　非線形微分方程式の形はさまざまで，研究や仕事で実際に遭遇する微分方程式は解析的にはなかなか解くことができないというのが現実でしょう。その場合の対策が計算機による数値解なのです。現在ではパソコンの能力が驚異的に向上していますので，微分方程式を解くことに関してほとんど不自由はありません。

　そこでまず解析解と数値解ということについて説明しておきます。たとえば (3.37)式の微分方程式，

$$\frac{dy(t)}{dt} = t(y-1) \tag{3.37}$$

を考えて見ましょう。これは例題3.6で示した問題と右辺の符号だけが違っています。しかし，変数分離形であることは同じですから例題3.6と同様に解けて，解は，

$$y(t) = 1 + c e^{\frac{1}{2}t^2} \tag{3.38}$$

となります。例題 3.6 とは e のベキ乗の符号が変わるだけです。(3.38)式が得られたことを「解析的に解けた」といい，この解を解析解といいます。

この解析解に対して数値解というのは独立変数 t の値に対して，対応する $y(t)$ の値を数値として表に書き並べたものです。t の値を与えてそのときの $y(t)$ の値を求める計算を，t の値をわずかに変化させながら繰り返し計算するのです。(3.38)式の関数形は得られていないわけですから(3.37)式だけを使って t の値に対応する $y(t)$ の値を求めなければいけません。その計算法に工夫があり，その計算方法を数値計算法とよぶのです。この場合は「微分方程式を解くための数値計算法」ということになります。

ここではその計算法としてオイラー法（Euler 法）とルンゲ・クッタ法（Runge-Kutta 法）について説明しておきます。なお，解析解は初期値を与えなくても積分定数を残したままで関数形を得ることができますが，数値解は初期値を与えないと計算は進みません。(3.37)式のほかに $t=t_0$ のとき $y(t_0)=y_0$ というような具体的な初期値が必要です。1 次の微分方程式の場合は 1 個，2 次の微分方程式の場合には 2 個の初期値が必要になります。この初期値は微分方程式の初期条件で決定されます。

そこでまずオイラー法です。オイラー法が微分方程式を解く数値積分の基本であり，これは微分の定義の考え方の応用になっているのです。微分の定義式は，

$$\frac{dy(t)}{dt}=\lim_{h\to 0}\frac{y(t+h)-y(t)}{h} \tag{3.39}$$

でした。いま $t=t_0$ で有限の時間幅 Δt を考えれば，

$$y'(t_0)=\frac{y(t_0+\Delta t)-y(t_0)}{\Delta t} \tag{3.40}$$

です。この微分系数 $y'(t_0)$ は関数 $y(t)$ の $t=t_0$ における接線の勾配を表していました。したがって，

$$y(t_0+\Delta t)=y(t_0)+y'(t_0)\Delta t \tag{3.41}$$

から $y(t_0+\Delta t)$ の値を求めるのがオイラー法なのです。次のステップでは $t=t_0+\Delta t$ における値 $y(t_0+\Delta t)$ を初期値として $t=t_0+2\Delta t$ における値 $y(t_0+2\Delta t)$ を求めていくのです。Δt の値を十分小さくとれば $y(t)$ の近似値を数値解として得ることができます。Δt のことを時間刻み幅といいます。しかしこのオイラー

法では精度が悪いことは明らかでしょう。(3.41)式は関数 $y(t)$ のテーラー級数展開の第2項までの近似式になっているのです。精度を良くするためには Δt の値を十分小さくとるしかありません。その結果，計算時間が長くなります。

ルンゲ・クッタ法も原理的にはオイラー法と同じです。ただ関数の勾配 $y'(t)$ を求めるところに少し工夫があるのです。1次（1階）の微分方程式は，

$$\frac{dy(t)}{dt} = f(t, y) \quad (3.42)$$

と書くことができます。右辺は時間だけの関数ではなく一般的には変数 y 自身も含まれています。そこでルンゲ・クッタ法では4種類の勾配を想定します。一般的な説明として (t_n, y_n) を初期値とすれば，

$$k_0 = f(t_n, y_n)$$

$$k_1 = f\left(t_n + \frac{1}{2}\Delta t, y_n + k_0 \frac{1}{2}\Delta t\right)$$

$$k_2 = f\left(t_n + \frac{1}{2}\Delta t, y_n + k_1 \frac{1}{2}\Delta t\right)$$

$$k_3 = f(t_n + \Delta t, y_n + k_2 \Delta t) \quad (3.43)$$

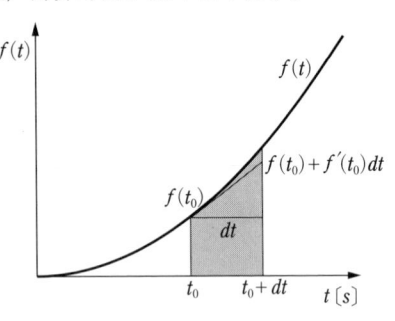

図 3.3　オイラー法

です。この4つの点における勾配の値 k_0 から k_3 より，

$$k = \frac{k_0 + 2k_1 + 2k_2 + k_3}{6} \quad (3.44)$$

を求め，この k の値を (t_n, y_n) での勾配として，オイラー法により，

$$y(t_{n+1}) = y(t_n) + k\Delta t \quad (3.45)$$

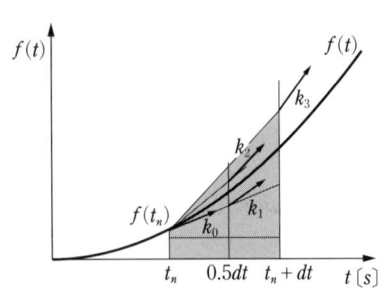

で $y(t)$ の値を更新するのが4次のルンゲ・クッタ法です。ルンゲ・クッタ法には2次もありますが実際に使用されるのは4次のルンゲ・クッタ法です。この説明だけではわかりにくいですから，以下の例題で使い方を習得して下さい。

図 3.4　ルンゲ・クッタ法

例題 3.26

微分方程式 $\dfrac{dy}{dt}=t(y-1)$ を初期条件 $t=0$ のとき $y=2$ のもとで解け。また，Excel VBA による数値解をオイラー法および4次のルンゲ・クッタ法により求めよ。

解答　この例は，例題 3.6 と右辺の符号が異なるだけの変数分離形で解析解は $y(t)=1+ce^{\frac{1}{2}t^2}$ です。ここで初期条件 $t=0$，$y=2$ を代入すれば $c=1$ ですから解析解は，

$$y(t)=1+e^{\frac{1}{2}t^2}$$

となります。この解析解に対してオイラー法および4次のルンゲ・クッタ法による数値計算結果とプログラム例を示します。解析解とルンゲ・クッタ法はほとんど一致してグラフ上では違いがわかりません。オイラー法は徐々に誤差が大きくなっています。

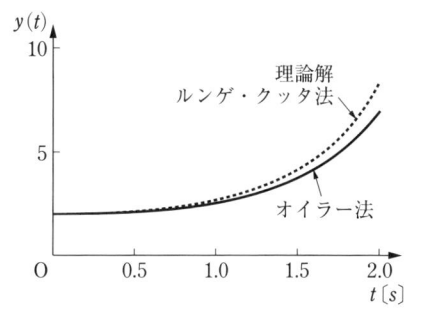

	A	B	C	D	E	F	G	H
1		例3.26微分方程式の数値解法						
2								
3		dy/dt =t(y-1)						
4		解析解： y=1+exp(t^2/2)						
5								
6		計算時間		2				
7		刻み幅		0.1				
8								
9			オイラー法による		4次Runge-Kutta法		解析解	
10		時刻	dy/dt	y	dy/dt	y	y	
11		0.0	0.00	2.00	0.05	2.00	2.00	
12		0.1	0.10	2.00	0.15	2.01	2.01	
13		0.2	0.20	2.01	0.26	2.02	2.02	
14		0.3	0.31	2.03	0.37	2.05	2.05	
15		0.4	0.42	2.06	0.50	2.08	2.08	
16		0.5	0.55	2.10	0.64	2.13	2.13	
17		0.6	0.70	2.16	0.80	2.20	2.20	
18		0.7	0.86	2.23	1.00	2.28	2.28	
19		0.8	1.05	2.31	1.22	2.38	2.38	

例 3.26 の Excel VBA プログラム例

```
Sub 数値積分()

    Range("A11").Select
    tend＝Range("C6")         '計算終了時間
    delt＝Range("C7")         '時間刻み幅
    steps＝tend/delt＋1       '繰り返し演算回数

    t＝0                '計算開始時刻
    y0＝2               'y の初期値
    ye＝y0              'Euler 法初期値の設定
    yr＝y0              'RK4 次法初期値の設定
    For i＝1 To steps

    Riron＝1＋Exp(1/2*t^2)
    ActiveCell.Offset(i-1, 6).Value＝Riron

    Call Euler(t, delt, ye, dye, yenew)
    ActiveCell.Offset(i-1, 1).Value＝t
    ActiveCell.Offset(i-1, 2).Value＝dye
    ActiveCell.Offset(i-1, 3).Value＝ye

    Call RK4(t, delt, yr, dyr, yrnew)
    ActiveCell.Offset(i-1, 4).Value＝dyr
    ActiveCell.Offset(i-1, 5).Value＝yr

    t＝t＋delt
    ye＝yenew
    yr＝yrnew
```

```
    Next i

End Sub
'+++++++++++++++++++++++++++++++++

Sub Euler(t, dt, ye, dye, yenew)

    dye=yedot(t, ye)
    yenew=ye+dye*dt

End Sub
'+++++++++++++++++++++++++++++++++

Sub RK4(t, dt, yr, dyr, yrnew)
    k0=yrdot(t, yr)
    k1=yrdot(t+dt/2, yr+k0*dt/2)
    k2=yrdot(t+dt/2, yr+k1*dt/2)
    k3=yrdot(t+dt, yr+k2*dt)

    dyr=(k0+2*k1+2*k2+k3)/6
    yrnew=yr+dyr*dt

End Sub
'+++++++++++++++++++++++++++++++++

Function yedot(t, ye)

    yedot=t*(ye-1)

End Function
```

```
'＋＋＋＋＋＋＋＋＋＋＋＋End of File＋＋＋＋＋＋＋＋＋＋＋＋

Function yrdot(t, yr)

yrdot＝t*(yr-1)

End Function
'＋＋＋＋＋＋＋＋＋＋＋＋End of File＋＋＋＋＋＋＋＋＋＋＋＋
```

プログラム説明

1 `Sub数値積分( )`

プログラム名称。Excel VBA でのプログラムはすべて頭に Sub がつき最後に（ ）をつける。

2 `Range("A11").Select`

Excel シート上で A11 セルを基点に指定する。後で出てくる出力コマンド ActiveCell.Offset と連動してシート上での打ち出し位置を決める。

3 `tend＝Range("B6")`

Excel シート上の B6 セルに入力されているデータを読み込み tend とする。

4 `For i＝1 to steps`

繰り返し演算ループ。Next i までの計算を繰り返す。

5 `ActiveCell.Offset(i-1, 0).value＝t`

変数 t の値をセルの (i-1, 0) に出力する。i＝1 のときは (0, 0) になり，この位置が `Range("A11").Select` により A11 になる。i＝2 のときは A12 に出力される。

6 `ActiveCell.Offset(i-1, 1).value＝dye`

変数 dye の値をセルの (i-1, 1) に出力する。i＝1 のときは (0, 1) になりこの位置はセルの B11 になる。セルの指定は（行，列）であり，0 列が A，1 列が B，2 列は C…です。

7 `Call Euler(t, delt, ye, dye, yenew)`

Eulerという名前のサブルーチンに飛んで計算を実行し，結果を持ち帰る。（　）内が引数と呼ばれ，メインプログラムからサブルーチンに持っていく変数，及び，サブルーチンでの計算結果を持ち帰る変数名が入っています。この例ではt, delt, ye の値をメインから持って行き，dye と yenew をサブルーチンで計算して持ち帰ります。オイラー法で数値積分するサブルーチンです。

8 `Call RK4(t, delt, yr, dyr, yrnew)`

4次のルンゲクッタ法で数値積分するサブルーチンです。

9 `End Sub`

メインプログラムの終了です。

10 `Sub Euler(t, delt, ye, dye, yenew)`

サブルーチンはメインプログラムに続けて書きます。（　）内の引数は Call Sub の引数と対応しています。変数の順序を入れ替えたり変数の数が違ったりしてはいけません。

11 `dye=yedot(t, ye)`

yedot という名の関数で (t, ye) のときの値を計算し dye とする。関数はサブルーチンの次に続けます。

12 `End Sub`

サブルーチンの終わりも End Sub です。

13 `Function yedot(t, ye)`

Yedot という名前の関数の定義です。

14 `End Function`

Function の終わりです。

例題 3.27

例題 3.24 を Excel VBA で解け。なお，空気抗力 D 〔N〕を，

$$D=\frac{1}{2}\rho v^2 C_D S$$

とせよ。ただし，空気密度 $\rho=1.226$ 〔kg/m³〕，空気抗力係数 $C_D=0.3$ 〔-〕 基準断面積 $S=0.006$ 〔m²〕とせよ。v 〔m/s〕はロケットの飛翔速度である。

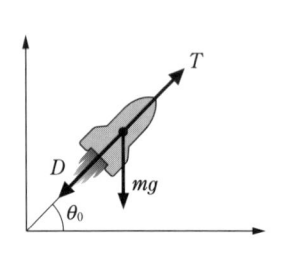

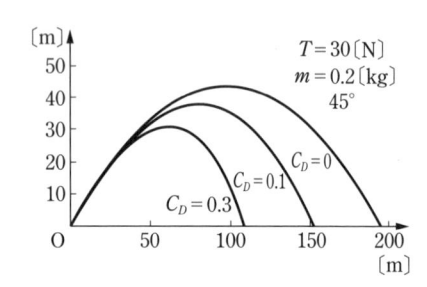

解答 運動方程式は，

$$\frac{d^2x(t)}{dt^2}=\frac{(T-D)}{m}\cos\theta$$

$$\frac{d^2z(t)}{dt^2}=\frac{(T-D)}{m}\sin\theta-g$$

です。

4 次のルンゲ・クッタ法による数値計算結果を図に示します。

空気抗力係数 C_D の値によって飛翔距離は大きく異ってきますが，ペットボトルロケットの場合の空気抗力係数は $C_D=0.3$ 程度に考えておけば良いでしょう。

Excel シートを図に示します。

	A	B	C	D	E	F	G	H
1		例3.27 ロケット						
2								
3		質量	0.2	[kg]	空気密度	1.226	[kg/m3]	
4		推力	30	[N]	抗力係数	0	[-]	
5		発射角	45	[deg]	基準断面積	0.006	[m2]	
6		計算時間	10					
7		刻み幅	0.01					

Excel プログラムは以下の通りです。

```
Public mmm, ggg, Thrust, Theta, rou, CD0, sss, Drag
Sub ロケット()
  mmm＝Range("C3")   '質量〔kg〕
  Thrust＝Range("C4")   '推力〔N〕
  Theta0＝Range("C5")   '発射角〔deg〕
  tend＝Range("C6")   '計算終了時間
  dt＝Range("C7")   '計算刻み幅

  rou＝Range("F3")   '空気密度
  CD0＝Range("F4")   '抗力係数
  sss＝Range("F5")   '基準断面積

  tst＝0   '計算開始時刻
  pai＝3.141592   '円周率
  ggg＝9.8   '重力の加速度
  Theta＝Theta0/180*pai  'deg to radian

  x0＝0   'x の初期値
  z0＝0   'z の初期値
  vx0＝0   'vx の初期値
  vz0＝0   'vz の初期値
```

```
    Drag=0  'Dragの初期値


steps=tend/dt+1

'計算開始
  t=tst
  xx=x0    '変数xxに初期値を代入する
  zz=z0    '変数zzに初期値を代入する
  vx=vx0   '変数vxに初期値を代入する
  vz=vz0   '変数vzに初期値を代入する
  vv=Sqr(vx^2+vz^2)

  Range("B11").Select    'データ保存先頭位置指定

  For i=1 To steps

  IF(t>=0.3)Then Thrust=0

  Call Rk4x(t, dt, xx, vx, dxx, dvx, xxnew, vxnew)
  Call Rk4z(t, dt, zz, vz, dzz, dvz, zznew, vznew)

  ActiveCell.Offset(i-1, 0).Value=t
  ActiveCell.Offset(i-1, 1).Value=xx
  ActiveCell.Offset(i-1, 2).Value=zz
  ActiveCell.Offset(i-1, 3).Value=vx
  ActiveCell.Offset(i-1, 4).Value=vz

  t=t+dt
  xx=xxnew
  zz=zznew
```

```
    vx=vxnew
    vz=vznew


    vv=Sqr(vx^2+vz^2)
    Drag=rou*vv^2*CD0*sss/2


    If(zz<0)Then i=steps

    Next i

    End Sub
'+++++++++++++++++++++++++++++++
Sub Rk4x(t, dt, xx, vx, dxx, dvx, xxnew, vxnew)

    dvx1=vxdot(t, xx, vx)
    dxx1=xxdot(t, xx, vx)
    dvx2=vxdot(t+dt/2, xx+dxx1*dt/2, vx+dvx1*dt/2)
    dxx2=xxdot(t+dt/2, xx+dxx1*dt/2, vx+dvx1*dt/2)
    dvx3=vxdot(t+dt/2, xx+dxx2*dt/2, vx+dvx2*dt/2)
    dxx3=xxdot(t+dt/2, xx+dxx2*dt/2, vx+dvx2*dt/2)
    dvx4=vxdot(t+dt, xx+dxx3*dt, vx+dvx3*dt)
    dxx4=xxdot(t+dt, xx+dxx3*dt, vx+dvx3*dt)

    dvx=(dvx1+2*(dvx2+dvx3)+dvx4)/6
    dxx=(dxx1+2*(dxx2+dxx3)+dxx4)/6

    vxnew=vx+dvx*dt
    xxnew=xx+dxx*dt

End Sub
```

```
'++++++++++++++++++++++++++++++++
Function vxdot(t, xx, vx)

  vxdot=(Thrust-Drag)*Cos(Theta)/mmm

End Function
'++++++++++++++++++++++++++++++++
Function xxdot(t, xx, vx)

  xxdot=vx

End Function
'++++++++++++End of File++++++++++++
Sub Rk4z(t, dt, zz, vz, dzz, dvz, zznew, vznew)

  dvz1=vzdot(t, zz, vz)
  dzz1=zzdot(t, zz, vz)
  dvz2=vzdot(t+dt/2, zz+dzz1*dt/2, vz+dvz1*dt/2)
  dzz2=zzdot(t+dt/2, zz+dzz1*dt/2, vz+dvz1*dt/2)
  dvz3=vzdot(t+dt/2, zz+dzz2*dt/2, vz+dvz2*dt/2)
  dzz3=zzdot(t+dt/2, zz+dzz2*dt/2, vz+dvz2*dt/2)
  dvz4=vzdot(t+dt, zz+dzz3*dt, vz+dvz3*dt)
  dzz4=zzdot(t+dt, zz+dzz3*dt, vz+dvz3*dt)

  dvz=(dvz1+2*(dvz2+dvz3)+dvz4)/6
  dzz=(dzz1+2*(dzz2+dzz3)+dzz4)/6

  vznew=vz+dvz*dt
  zznew=zz+dzz*dt
```

```
            End Sub
            '+++++++++++++++++++++++++++++++++
            Function vzdot(t, zz, vz)

               vzdot=(Thrust-Drag)*Sin(Theta)/mmm-ggg

            End Function
            '+++++++++++++++++++++++++++++++++
            Function zzdot(t, zz, vz)

               zzdot=vz

            End Function
            '+++++++++++End of File+++++++++++
```

プログラム説明

1 Public

Public は Fortran 言語でいえば common です。ここで指定した変数はメインプログラム，サブルーチン，ファンクションのどこでも共通に使えます。メインプログラムでエクセルシートからデータを読み込み，その変数をサブルーチンやファンクションで使用する場合，public での指定が必要です。サブルーチンやファンクションの引数で受け渡す場合はその必要はありません。Public はプログラム名に先行して指定します。

2 If(t>=0.3)Then Thrust=0

条件文で，$t \geq 0.3$ になったら推力を0にします。推力はシートからの読み取りで初期値として与えられていますから，$0 < t < 0.3$ 秒の間，推力が働くことになります。これはペットボトルロケットの場合の水噴出終了に対応します。

3 6Call Rk4x(t, dt, xx, vx, dxx, dvx, xxnew, vxnew)
    Call Rk4z(t, dt, zz, vz, dzz, dvz, zznew, vznew)

ルンゲ・クッタ法で微分方程式を解くサブルーチンです。解くべき微分方程式は例題 3.24 の③式④式に空気抗力 D を付加した,

$$\frac{d^2x(t)}{dt^2} = \frac{(T-D)}{m} \cos\theta$$

$$\frac{d^2z(t)}{dt^2} = \frac{(T-D)}{m} \sin\theta - g$$

です。この２つの２次微分方程式はそれぞれ別々に解きます。解き方は同じですから X 軸に関する微分方程式で説明します。ルンゲ・クッタ法は１次の微分方程式の解法ですから，２次の場合には連立１次微分方程式に書き直す必要があります。そこで,

$$\frac{dx(t)}{dt} = v(t)$$

という新しい変数 $v(t)$ を導入すれば,

$$\frac{dv(t)}{dt} = \frac{d^2x(t)}{dt^2} = \frac{(T-D)}{m} \cos\theta$$

です。したがって，変数 $x(t)$, $v(t)$ について,

$$\frac{dx(t)}{dt} = v(t)$$

$$\frac{dv(t)}{dt} = \frac{(T-D)}{m} \cos\theta$$

を，連立して解けば良いことになります。具体的なプログラムはプログラムシートを参照して下さい。なお $v(t)$ の物理的な意味は X 軸方向の速度です。

4 `ActiveCell.Offset(i-1, 1).Value=xx`

コマンドの意味は変数 xx の出力で例 3.26 の説明と同じです。ここで重要なことは，すでに,

`Call Rk4x(t, dt, xx, vx, dxx, dvx, xxnew, vxnew)`

が実施されていますから xxnew には新しい x 座標が計算されています。しかし,

`xx＝xxnew`

はまだ実施されていませんから xx の値は古いままです。したがって Excel シートに打ち出される最初の行は $t=0$ のときのデータなのです。

5 `If(zz＜0)Then i=steps`

　高度 zz が負になったら地上に落下したということですから，i の繰り返し計算ループから強制的に飛び出させる処置です。zz が初めて負になったとき，このコマンドによりカウンタ i は最終値 steps になりますから i ループは終了です。したがって zz が負になった時点でプログラムの終了になっています。

第3章 練習問題

❶ $y = c_1 e^{-2t} + c_2 e^{3t}$ は任意の c_1, c_2 の値に対して，

$$\frac{d^2 y(t)}{dt^2} - \frac{dy(t)}{dt} - 6y(t) = 0$$

の解であることを証明せよ。

❷ $dx - y^2 dx + xy dy = 0$ を解け。なお，この問題では独立変数を x としています。

❸ 次の微分方程式を解け。

$$\frac{d^2 y(t)}{dt^2} + 5\frac{dy(t)}{dt} + 6y(t) = 3e^{-2t} + e^{3t}$$

❹ 質量 m〔kg〕の物体の自由落下運動を解け。ただし空気抗力は落下速度に比例するとして比例係数を a〔Ns/m〕とせよ。

❺ $e_i(t)$ を入力電圧としたときのコンデンサーにかかる電圧 $e_o(t)$ を求めよ。ただし $R = 10$〔Ω〕，$C = 0.1$〔F〕とし $e_i(t)$ は図の通りとする。

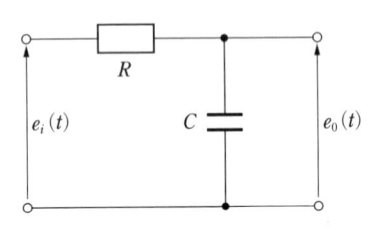

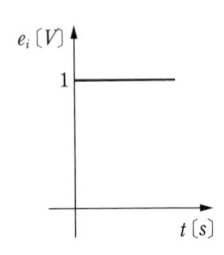

第4章 線形代数

❹-❶ 行列とベクトル

$m \times n$ 個の数 a_{ij} ($i=1\cdots m$, $j=1\cdots n$) を (4.1) 式のように方形に配列した表現を行列 (Matrix) といいます。

$$\begin{bmatrix} a_{11} & a_{12} & \cdots\cdots & a_{1n} \\ a_{21} & a_{22} & \cdots\cdots & a_{2n} \\ \vdots & \vdots & & \vdots \\ a_{m1} & a_{m2} & \cdots\cdots & a_{mn} \end{bmatrix} \tag{4.1}$$

この行列を簡単に $[a_{ij}]$ で表すこともあります。また，1つの記号で A としたり $A=[a_{ij}]$ と表すこともあります。a_{ij} を行列 A の要素とよび，横を行，縦を列とよびます。a_{ij} は行列 A の第 i 行 j 列の要素という意味です。(4.1) 式は m 行 n 列の行列であり $m \times n$ 行列とよびます。$m=n$ の場合を正方行列（Square Matrix）といい，n を正方行列の次数といいます。

行または列の数が1である行列はベクトルと呼ばれます。1行だけからなる $1 \times n$ 行列を n 次行ベクトル，1列だけからなる $m \times 1$ 行列を m 次列ベクトルといいます。ベクトルの場合の各要素は成分とよばれ，成分がすべて実数の m 次ベクトルの集合を行ベクトル・列ベクトルの区別なく R^m で表すこともあります。本章ではベクトルは小文字の太字，行列は大文字の太字で表すことにします。行列 $A=[a_{ij}]$，$B=[b_{ij}]$，$C=[c_{ij}]$ に対して以下の演算が定義されています。

(1) 行列とスカラーの積

$$\alpha A = [\alpha a_{ij}] \tag{4.2}$$

(2) 行列の和（差）

$$A \pm B = [a_{ij} \pm b_{ij}] \tag{4.3}$$

行列の和（差）は行の数と列の数が等しい行列同士のみに定義されます。

(3) 行列の積

$$AB = \left[\sum_{k=1}^{n} a_{ik} b_{kj}\right] \tag{4.4}$$

行列の積は $m \times n$ 行列と $n \times r$ 行列について定義され，結果は $m \times r$ 行列になります。行列の積に関して以下の式が成り立ちます。

結合の法則　$A(BC) = (AB)C$ (4.5)

分配の法則　$A(B+C) = AB + AC$ (4.6)

(4) 正方行列とベクトルの積

$$y = Ax \tag{4.7}$$

$n \times n$ 行列 A と $n \times 1$ 列ベクトル x の積は同じ次元の $n \times 1$ 列ベクトル y になります。

$$y = \begin{bmatrix} a_{11} & a_{12} & \cdots & a_{1n} \\ a_{21} & a_{22} & \cdots & a_{2n} \\ \vdots & \vdots & & \vdots \\ a_{n1} & a_{n2} & \cdots & a_{nn} \end{bmatrix} \begin{bmatrix} x_1 \\ x_2 \\ \vdots \\ x_n \end{bmatrix} = \begin{bmatrix} y_1 \\ y_2 \\ \vdots \\ y_n \end{bmatrix} \quad y_i = \sum_{j=1}^{n} a_{ij} x_j \tag{4.8}$$

(5) ベクトルとベクトルの積

2つのベクトル x, y

$$x = \begin{bmatrix} x_1 \\ x_2 \\ \vdots \\ x_n \end{bmatrix} \quad y = \begin{bmatrix} y_1 \\ y_2 \\ \vdots \\ y_n \end{bmatrix} \text{であるとき，} x^T y = [x_1 \ x_2 \ \cdots \ x_n] \begin{bmatrix} y_1 \\ y_2 \\ \vdots \\ y_n \end{bmatrix} = \sum_{i=1}^{n} x_i y_i \tag{4.9}$$

をベクトル x と y の内積といいます。ここで x^T は列ベクトルから行ベクトルへの変換を意味しており転置（Tranpose）といいます。(4.9)式の内積が0になるとき，ベクトル x と y は直交（Orthogonal）するといいます。行ベクトルと列ベクトルの積はスカラーになります。また，

$$xy^T = \begin{bmatrix} x_1 \\ x_2 \\ \vdots \\ x_n \end{bmatrix} [y_1 \ y_2 \ \cdots \ y_n] = \begin{bmatrix} x_1 y_1 & x_1 y_2 & \cdots & x_1 y_n \\ x_2 y_1 & x_2 y_2 & \cdots & x_2 y_n \\ \vdots & \vdots & & \vdots \\ x_n y_1 & x_n y_2 & \cdots & x_n y_n \end{bmatrix} \tag{4.10}$$

であり，列ベクトルと行ベクトルの積は行列になります。さらに，ベクトル $\boldsymbol{x}$ について，
$$\|\boldsymbol{x}\| = \sqrt{x_1^2 + x_2^2 + \cdots\cdots + x_n^2} \tag{4.11}$$
をベクトル $\boldsymbol{x}$ のノルムといいます。

例題 4.1

次の行列の α 倍を求めよ。
$$A = \begin{bmatrix} 1 & 2 \\ 3 & 4 \end{bmatrix}$$

解答
$$\alpha A = \begin{bmatrix} \alpha & 2\alpha \\ 3\alpha & 4\alpha \end{bmatrix}$$

例題 4.2

次の行列の和を求めよ。
$$A = \begin{bmatrix} 1 & 2 & 3 \\ 4 & 5 & 6 \end{bmatrix} , \quad B = \begin{bmatrix} -3 & 2 & 1 \\ 6 & 5 & -4 \end{bmatrix}$$

解答
$$A + B = \begin{bmatrix} 1-3 & 2+2 & 3+1 \\ 4+6 & 5+5 & 6-4 \end{bmatrix} = \begin{bmatrix} -2 & 4 & 4 \\ 10 & 10 & 2 \end{bmatrix}$$

例題 4.3

次の 2 つの行列の積 AB および BA を求めよ。
$$A = \begin{bmatrix} 1 & 2 & 3 \\ 3 & 2 & 1 \end{bmatrix} , \quad B = \begin{bmatrix} -2 & 1 \\ 1 & -1 \\ 1 & 2 \end{bmatrix}$$

解答
$$AB = \begin{bmatrix} 1\times(-2)+2\times 1+3\times 1 & 1\times 1+2\times(-1)+3\times 2 \\ 3\times(-2)+2\times 1+1\times 1 & 3\times 1+2\times(-1)+1\times 2 \end{bmatrix} = \begin{bmatrix} 3 & 5 \\ -3 & 3 \end{bmatrix}$$

$$BA = \begin{bmatrix} (-2)\times 1+1\times 3 & (-2)\times 2+1\times 2 & (-2)\times 3+1\times 1 \\ 1\times 1+(-1)\times 3 & 1\times 2+(-1)\times 2 & 1\times 3+(-1)\times 1 \\ 1\times 1+2\times 3 & 1\times 2+2\times 2 & 1\times 3+2\times 1 \end{bmatrix}$$

$$= \begin{bmatrix} 1 & -2 & -5 \\ -2 & 0 & 2 \\ 7 & 6 & 5 \end{bmatrix}$$

すなわち，行列の積の場合 $AB \neq BA$ です。A, B がともに正方行列の場合であっても一般に $AB \neq BA$ です。$AB = BA$ が成り立つ場合，行列 A と行列 B は交換可能であるといいます。

例題 4.4
次の連立 1 次方程式を行列とベクトルを用いて表現せよ。
$$\begin{aligned} y_1 &= a_{11}x_1 + a_{12}x_2 + \cdots\cdots + a_{1n}x_n \\ y_2 &= a_{21}x_1 + a_{22}x_2 + \cdots\cdots + a_{2n}x_n \\ &\vdots \\ y_n &= a_{n1}x_1 + a_{n2}x_2 + \cdots\cdots + a_{nn}x_n \end{aligned} \quad (4.12)$$

解答　列ベクトル y および x を次のように置けば (4.12) 式は，

$$y = \begin{bmatrix} y_1 \\ y_2 \\ \vdots \\ y_n \end{bmatrix}, \quad x = \begin{bmatrix} x_1 \\ x_2 \\ \vdots \\ x_n \end{bmatrix}, \quad \begin{bmatrix} y_1 \\ y_2 \\ \vdots \\ y_n \end{bmatrix} = \begin{bmatrix} a_{11} & a_{12} & \cdots & a_{1n} \\ a_{21} & a_{22} & \cdots & a_{2n} \\ \vdots & \vdots & & \vdots \\ a_{n1} & a_{n2} & \cdots & a_{nn} \end{bmatrix} \begin{bmatrix} x_1 \\ x_2 \\ \vdots \\ x_n \end{bmatrix} \quad (4.13)$$

と表現することができます。(4.13) 式は行列の部分を A で表せば，

$$y = Ax \quad (4.14)$$

です。(4.14) 式はベクトル x をベクトル y に変換する 1 次変換ととらえることもできます。このとき行列 A を 1 次変換行列といいます。

例題 4.5
3 次元直交座標系の単位ベクトル i, j, k は互いに直交していることを確認せよ。

解答　座標 (x, y, z) で表現される 3 次元直交座標系の単位ベクトル i, j, k は，

$$i = \begin{bmatrix} 1 \\ 0 \\ 0 \end{bmatrix}, \quad j = \begin{bmatrix} 0 \\ 1 \\ 0 \end{bmatrix}, \quad k = \begin{bmatrix} 0 \\ 0 \\ 1 \end{bmatrix}$$

で表現されます。いづれの 2 つについても (4.9) 式は 0 になりこれらの 3

1つのベクトルは互いに直交しています。

正方行列で対角要素 a_{ii} 以外の要素がすべて0の場合,

$$A = \begin{bmatrix} a_{11} & 0 & \cdots\cdots & 0 \\ 0 & a_{22} & 0\cdots\cdots & 0 \\ \vdots & & \ddots & \vdots \\ 0 & 0 & \cdots\cdots & a_{nn} \end{bmatrix} \tag{4.15}$$

(4.15)式を対角行列（Diagonal Matrix）といい diag$[a_{11}\ a_{22}\ \cdots\ a_{nn}]$ と書きます。また，対角要素のすべての加算をトレースといい Tr(A) で表します。すなわち，

$$\mathrm{Tr}(A) = \sum_{i=1}^{n} a_{ii} \tag{4.16}$$

です。トレースの定義は対角行列に限ったことではなく一般の正方行列についても定義されます。対角行列で対角要素がすべて1の場合，すなわち，

$$I = \begin{bmatrix} 1 & 0 & \cdots\cdots & 0 \\ 0 & 1 & 0\cdots\cdots & 0 \\ \vdots & & \ddots & \vdots \\ 0 & 0 & \cdots\cdots & 1 \end{bmatrix} \tag{4.17}$$

を単位行列（Identity Matrix）といい I で表します（E で表す文献もあります）。任意の正方行列 A に対して，

$$IA = AI = A \tag{4.18}$$

が成り立ちます。また，すべての要素が0である行列は零行列（Null Matrix）とよばれます。

次に，(4.1)式の行列 A に対して行と列を入れ替えた行列，すなわち，A の (i, j) 要素を (j, i) 要素とする $n \times m$ 行列，

$$\begin{bmatrix} a_{11} & a_{21} & \cdots\cdots & a_{m1} \\ a_{12} & a_{22} & \cdots\cdots & a_{m2} \\ \vdots & \vdots & & \vdots \\ a_{1n} & a_{2n} & \cdots\cdots & a_{mn} \end{bmatrix} \tag{4.19}$$

を行列 A の転置行列（Transpose Matrix）といい，A^T で表します。任意の行列 A, B に対して，

$$(AB)^T = B^T A^T \tag{4.20}$$

が成り立ちます（例題4.6）。また，

$$A^T = A \tag{4.21}$$

を満足する行列 A を対称行列（Symmetric Matrix）といいます。対称行列は正方行列の場合にのみ定義されます。

$$A^T = -A \tag{4.22}$$

が成り立つ行列 A は交代行列（Alternate Matrix）と呼ばれます。歪対称行列ともいいます。交代行列の場合，

$$a_{ij} = -a_{ji} \tag{4.23}$$

となり，対角要素はすべて 0 です。

例題 4.6
例題 4.3 の行列 A, B について (4.20) 式を確認せよ。

解答 例題 4.3 から $AB = \begin{bmatrix} 3 & 5 \\ -3 & 3 \end{bmatrix}$ より $(AB)^T = \begin{bmatrix} 3 & -3 \\ 5 & 3 \end{bmatrix}$ です。また，

$$A = \begin{bmatrix} 1 & 2 & 3 \\ 3 & 2 & 1 \end{bmatrix}, \quad B = \begin{bmatrix} -2 & 1 \\ 1 & -1 \\ 1 & 2 \end{bmatrix} \text{より } A^T = \begin{bmatrix} 1 & 3 \\ 2 & 2 \\ 3 & 1 \end{bmatrix}, \quad B^T = \begin{bmatrix} -2 & 1 & 1 \\ 1 & -1 & 2 \end{bmatrix}$$

であり，したがって，

$$B^T A^T = \begin{bmatrix} -2 & 1 & 1 \\ 1 & -1 & 2 \end{bmatrix} \begin{bmatrix} 1 & 3 \\ 2 & 2 \\ 3 & 1 \end{bmatrix} = \begin{bmatrix} 3 & -3 \\ 5 & 3 \end{bmatrix} = (AB)^T \text{です。}$$

4-2 行列式

n 次の正方行列 $A = [a_{ij}]$ に対して，

$$\det A = |A| = \sum_{j=1}^{n} a_{ij} C_{ij} \quad (\text{行展開}: i \text{ は任意の行に固定}) \tag{4.24}$$

$$\det A = |A| = \sum_{i=1}^{n} a_{ij} C_{ij} \quad (\text{列展開}: j \text{ は任意の列に固定}) \tag{4.25}$$

を A の行列式（Determinant）といい，$\det A$ あるいは $|A|$ で表します。ここで C_{ij} は a_{ij} の余因子（Cofactor）とよばれ，

$$C_{ij} = (-1)^{i+j} |M_{ij}| \tag{4.26}$$

です。ここで $|M_{ij}|$ は n 次行列 A から第 i 行，第 j 列を取り除いた $(n-1)$ 次の小行列 M_{ij} の行列式です。

行列式に関して以下の性質が重要です。

① 転置行列でも行列式は変わりません。
$$|A^T|=|A| \tag{4.27}$$

② 任意の2つの行（または列）を入れ替えれば行列式は符号だけが変わります。

③ 2つの行（または列）が等しい行列式は0です。

④ 1つの行（または列）の要素をすべて a 倍すれば行列式も a 倍になります。

⑤ 行列式の1つの行が2つの数の和であれば行列式は和を分解した2つの行列式の和です。

$$\begin{vmatrix} a_{11}+b_{11} & a_{12}+b_{12} & \cdots & a_{1n}+b_{1n} \\ a_{21} & a_{22} & \cdots & a_{2n} \\ \vdots & \vdots & \cdots & \vdots \\ a_{n1} & a_{n2} & \cdots & a_{nn} \end{vmatrix} = \begin{vmatrix} a_{11} & a_{12} & \cdots & a_{1n} \\ a_{21} & a_{22} & \cdots & a_{2n} \\ \vdots & \vdots & \cdots & \vdots \\ a_{n1} & a_{n2} & \cdots & a_{nn} \end{vmatrix} + \begin{vmatrix} b_{11} & b_{12} & \cdots & b_{1n} \\ a_{21} & a_{22} & \cdots & a_{2n} \\ \vdots & \vdots & \cdots & \vdots \\ a_{n1} & a_{n2} & \cdots & a_{nn} \end{vmatrix} \tag{4.28}$$

⑥ 行列 A と行列 B に対して，積の行列式は行列式の積です。すなわち，
$$|AB|=|A||B| \tag{4.29}$$

例題 4.7

次の正方行列について(4.24)式，(4.25)式による行列式の値を求めよ。

$$A = \begin{bmatrix} a_{11} & a_{12} & a_{13} \\ a_{21} & a_{22} & a_{23} \\ a_{31} & a_{32} & a_{33} \end{bmatrix}$$

解答 第1列について展開すると，

$$|A| = a_{11}(-1)^{1+1}\begin{vmatrix} a_{22} & a_{23} \\ a_{32} & a_{33} \end{vmatrix} + a_{21}(-1)^{2+1}\begin{vmatrix} a_{12} & a_{13} \\ a_{32} & a_{33} \end{vmatrix} + a_{31}(-1)^{3+1}\begin{vmatrix} a_{12} & a_{13} \\ a_{22} & a_{23} \end{vmatrix}$$

$$= a_{11}(a_{22}a_{33}-a_{23}a_{32}) - a_{21}(a_{12}a_{33}-a_{13}a_{32}) + a_{31}(a_{12}a_{23}-a_{13}a_{22})$$

です。また，第1行について展開すれば，

$$|A| = a_{11}(-1)^{1+1}\begin{vmatrix} a_{22} & a_{23} \\ a_{32} & a_{33} \end{vmatrix} + a_{12}(-1)^{2+1}\begin{vmatrix} a_{21} & a_{23} \\ a_{31} & a_{33} \end{vmatrix} + a_{13}(-1)^{3+1}\begin{vmatrix} a_{21} & a_{22} \\ a_{31} & a_{32} \end{vmatrix}$$

$$= a_{11}(a_{22}a_{33} - a_{23}a_{32}) - a_{12}(a_{21}a_{33} - a_{23}a_{31}) + a_{13}(a_{21}a_{32} - a_{22}a_{31})$$
$$= a_{11}(a_{22}a_{33} - a_{23}a_{32}) - a_{21}(a_{12}a_{33} - a_{13}a_{32}) + a_{31}(a_{12}a_{23} - a_{13}a_{22})$$

で，結果は等しくなっています。

なお，3行3列までの行列式についてはたすきがけの方法で計算できますが，たすきがけの方法は4行4列以上の行列式には使えません。

$$|A| = \begin{vmatrix} a_{11} & a_{12} & a_{13} \\ a_{21} & a_{22} & a_{23} \\ a_{31} & a_{32} & a_{33} \end{vmatrix}$$

$$= a_{11}a_{22}a_{33} + a_{12}a_{23}a_{31} + a_{13}a_{32}a_{21}$$
$$- a_{13}a_{22}a_{31} - a_{12}a_{21}a_{33} - a_{11}a_{32}a_{23}$$

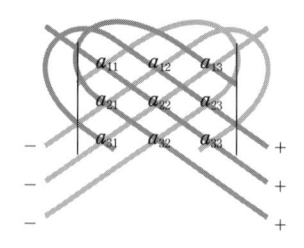

図4.1 たすきがけの方法

例題 4.8

次の行列式を求めよ。

$$|A| = \begin{vmatrix} 1 & -3 & 6 \\ 5 & 2 & 8 \\ 4 & -1 & 7 \end{vmatrix}$$

解答

$$|A| = 1\begin{vmatrix} 2 & 8 \\ -1 & 7 \end{vmatrix} - 5\begin{vmatrix} -3 & 6 \\ -1 & 7 \end{vmatrix} + 4\begin{vmatrix} -3 & 6 \\ 2 & 8 \end{vmatrix} = 22 + 75 - 144 = -47$$

例題 4.9

例題4.8の行列式に関して(4.27)式を確認せよ。

解答

$$|A^T| = \begin{vmatrix} 1 & 5 & 4 \\ -3 & 2 & -1 \\ 6 & 8 & 7 \end{vmatrix} = 1\begin{vmatrix} 2 & -1 \\ 8 & 7 \end{vmatrix} - 5\begin{vmatrix} -3 & -1 \\ 6 & 7 \end{vmatrix} + 4\begin{vmatrix} -3 & 2 \\ 6 & 8 \end{vmatrix} = -47$$

例題 4.10

次の行列 A, B について (4.29) 式を確認せよ。

$$A = \begin{bmatrix} 4 & 3 \\ 1 & 2 \end{bmatrix} \quad B = \begin{bmatrix} 1 & 3 \\ 2 & 4 \end{bmatrix}$$

解答　$AB = \begin{bmatrix} 10 & 24 \\ 5 & 11 \end{bmatrix}$　$|AB| = -10$, $|A| = 5$, $|B| = -2$ です。したがって，

$|AB| = |A||B|$

4-3 逆行列

n 次の正方行列 $A = [a_{ij}]$ において a_{ij} の余因子 C_{ij} を (j, i) 要素とする行列，

$$\begin{bmatrix} C_{11} & C_{21} & \cdots & C_{n1} \\ C_{12} & C_{22} & \cdots & C_{n2} \\ \vdots & \vdots & \vdots & \vdots \\ C_{1n} & C_{2n} & \cdots & C_{nn} \end{bmatrix} \tag{4.30}$$

を正方行列 A の余因子行列（Cofactor Matrix, Adjoint Matrix）といい，adj$A$ で表します。このとき，

$$(\text{adj}A)A = A(\text{adj}A) = |A|I \tag{4.31}$$

が成り立ちます。

例題 4.11

次の行列について (4.31) 式を確かめよ。

$$A = \begin{bmatrix} a & b \\ c & d \end{bmatrix}$$

解答

$$\text{adj}A = \begin{bmatrix} d & -b \\ -c & a \end{bmatrix}, \quad |A| = ad - bc \text{ だから，}$$

$$(\text{adj}A)A = \begin{bmatrix} d & -b \\ -c & a \end{bmatrix}\begin{bmatrix} a & b \\ c & d \end{bmatrix} = \begin{bmatrix} (ad-bc) & 0 \\ 0 & (ad-bc) \end{bmatrix}$$

$$= (ad-bc)\begin{bmatrix} 1 & 0 \\ 0 & 1 \end{bmatrix} = |A|I$$

$$A(\mathrm{adj}A) = \begin{bmatrix} a & b \\ c & d \end{bmatrix}\begin{bmatrix} d & -b \\ -c & a \end{bmatrix} = \begin{bmatrix} (ad-bc) & 0 \\ 0 & (ad-bc) \end{bmatrix}$$

$$= (ad-bc)\begin{bmatrix} 1 & 0 \\ 0 & 1 \end{bmatrix} = |A|I$$

例題 4.12

次の行列の余因子行列を求めよ。

$$A = \begin{bmatrix} 2 & 1 & 1 \\ 1 & -1 & 2 \\ 0 & 3 & 1 \end{bmatrix}$$

解答

$$C_{11} = (-1)^2 \begin{vmatrix} -1 & 2 \\ 3 & 1 \end{vmatrix} = -7, \quad C_{12} = (-1)^3 \begin{vmatrix} 1 & 2 \\ 0 & 1 \end{vmatrix} = -1,$$

$$C_{13} = (-1)^4 \begin{vmatrix} 1 & -1 \\ 0 & 3 \end{vmatrix} = 3$$

ほかも同様にして，$\mathrm{adj}A = \begin{bmatrix} -7 & 2 & 3 \\ -1 & 2 & -3 \\ 3 & -6 & -3 \end{bmatrix}$

逆行列（Inverse Matrix）はこの余因子行列を使って定義されます。

行列 A に対して，

$$AX = I \tag{4.32}$$

を満足する行列 X が存在するとき，行列 X を A の逆行列といい A^{-1} で表します。

ここで(4.32)式の両辺に左から $\mathrm{adj}A$ を掛ければ，

$$(\mathrm{adj}A)AX = \mathrm{adj}A \tag{4.33}$$

です。さらに，(4.33)式の左辺に(4.31)式を用いて，

$$|A|X = \mathrm{adj}A \tag{4.34}$$

です。したがって，$|A| \neq 0$ のときに逆行列が存在して，

$$X(=A^{-1}) = |A|^{-1}\mathrm{adj}A = \frac{\mathrm{adj}A}{|A|} \tag{4.35}$$

です。$|A| \neq 0$ であるような行列，すなわち，逆行列が存在する行列を正則行列といいます。正則行列 A に対して，

$$AA^{-1} = A^{-1}A = I \tag{4.36}$$

であり，

$$(AB)^{-1} = B^{-1}A^{-1} \tag{4.37}$$

が成り立ちます。また，

$$AA^T = A^TA = I \tag{4.38}$$

が成り立つ行列 A を直交行列といいます。直交行列の場合，

$$A^T = A^{-1} \tag{4.39}$$

です。

例題 4.13

次の行列 A の逆行列を求めよ。

$$A = \begin{bmatrix} a & b \\ c & d \end{bmatrix}$$

解答 $|A| = ad - bc$ となります。したがって $ad - bc \neq 0$ のときに逆行列が存在して，

$$A^{-1} = \frac{1}{ad-bc}\begin{bmatrix} d & -b \\ -c & a \end{bmatrix}$$

です。なお，

$$AA^{-1} = \frac{1}{ad-bc}\begin{bmatrix} a & b \\ c & d \end{bmatrix}\begin{bmatrix} d & -b \\ -c & a \end{bmatrix} = \frac{1}{ad-bc}\begin{bmatrix} ad-bc & 0 \\ 0 & ad-bc \end{bmatrix} = \begin{bmatrix} 1 & 0 \\ 0 & 1 \end{bmatrix}$$

$$A^{-1}A = \frac{1}{ad-bc}\begin{bmatrix} d & -b \\ -c & a \end{bmatrix}\begin{bmatrix} a & b \\ c & d \end{bmatrix} = \frac{1}{ad-bc}\begin{bmatrix} ad-bc & 0 \\ 0 & ad-bc \end{bmatrix} = \begin{bmatrix} 1 & 0 \\ 0 & 1 \end{bmatrix}$$

例題 4.14

次の行列の逆行列を求めよ。

$$A = \begin{bmatrix} 2 & 1 & 1 \\ 1 & -1 & 2 \\ 0 & 3 & 1 \end{bmatrix}$$

解答

解：$|A| = -12$ だから，$A^{-1} = |A|^{-1} \mathrm{adj} A = \dfrac{-1}{12}\begin{bmatrix} -7 & 2 & 3 \\ -1 & 2 & -3 \\ 3 & -6 & -3 \end{bmatrix}$

となる。なお，

$$AA^{-1} = \frac{-1}{12}\begin{bmatrix} 2 & 1 & 1 \\ 1 & -1 & 2 \\ 0 & 3 & 1 \end{bmatrix}\begin{bmatrix} -7 & 2 & 3 \\ -1 & 2 & -3 \\ 3 & -6 & -3 \end{bmatrix} = \frac{-1}{12}\begin{bmatrix} -12 & 0 & 0 \\ 0 & -12 & 0 \\ 0 & 0 & -12 \end{bmatrix} = \begin{bmatrix} 1 & 0 & 0 \\ 0 & 1 & 0 \\ 0 & 0 & 1 \end{bmatrix}$$

$$A^{-1}A = \frac{-1}{12}\begin{bmatrix} -7 & 2 & 3 \\ -1 & 2 & -3 \\ 3 & -6 & -3 \end{bmatrix}\begin{bmatrix} 2 & 1 & 1 \\ 1 & -1 & 2 \\ 0 & 3 & 1 \end{bmatrix} = \frac{-1}{12}\begin{bmatrix} -12 & 0 & 0 \\ 0 & -12 & 0 \\ 0 & 0 & -12 \end{bmatrix} = \begin{bmatrix} 1 & 0 & 0 \\ 0 & 1 & 0 \\ 0 & 0 & 1 \end{bmatrix}$$

4-4 ベクトルの1次独立と行列の位

m 個の n 次元ベクトル x_i ($i=1, \cdots, m$) を考えます。

$$c_1 x_1 + c_2 x_2 + \cdots + c_m x_m = 0 \tag{4.40}$$

を満足する係数 $c_1, c_2 \cdots, c_m$ が存在するときベクトル $x_1, x_2, \cdots, x_m$ は1次従属であるといいます。また，(4.40)式が成立するのはすべての係数 c_i が0の場合に限るときベクトル $x_1, x_2, \cdots, x_m$ は1次独立であるといいます。すなわち，1次従属とはあるベクトルがほかのベクトルの線形結合で表現できるという意味であり，1次独立とはほかのベクトルの線形結合では表現できないという意味です。

$m \times n$ 行列 A の r 次の小行列式のうち0でないものがあって，($r+1$)次の小行列式がすべて0のとき，r を行列 A の位（Rank）といい，$\rho(A)$ で表します。

行列を行ベクトルあるいは列ベクトルに分解して考えた場合，1次独立のベクトルの数が行列 A の位になります。

例題 4.15

次の行列の位を求めよ。
$$A = \begin{bmatrix} 1 & 1 & 2 & 5 \\ 1 & 2 & 3 & 7 \\ 1 & 3 & 4 & 9 \end{bmatrix}$$

解答 　行列 A は 3×4 行列なので行列式としては 3×3 までであり，位はたかだか 3 です。そこで，行列 A を 4 個の列ベクトルにして考えると，第 3 列 ＝ 第 1 列 ＋ 第 2 列だから第 3 列は第 1 列，第 2 列と 1 次従属です。また，第 4 列は 3× 第 1 列 +2× 第 2 列だから第 4 列も第 1 列，第 2 列と 1 次従属です。したがって 1 次独立な列ベクトルは 2 つだから行列 A の位は 2 です。行列式の考え方では，3×3 の行列式はすべて 0 で，2×2 の小行列式に 0 でないものが存在するので（この例の場合はすべての 2×2 小行列式が 0 ではない），行列 A の位は 2 になります。

4-5 固有値と固有ベクトル

行列 A に対して任意のベクトル x を考え，
$$Ax = \lambda x \tag{4.41}$$
が成り立つとき，λ を行列 A の固有値といいます。$y = Ax$ は行列 A によるベクトル x の 1 次変換を意味しており，(4.41)式はその変換結果のベクトル y がもとのベクトル x に比例していることを示しています。(4.41)式から，
$$[\lambda I - A]x = 0 \tag{4.42}$$
です。この式が $x \neq 0$ の任意のベクトルに対して成立するためには，
$$|\lambda I - A| = 0 \tag{4.43}$$
です。(4.43)式は，

$$\begin{vmatrix} \lambda-a_{11} & -a_{12} & \cdots & -a_{1n} \\ -a_{21} & \lambda-a_{22} & \cdots & -a_{2n} \\ \vdots & \vdots & \ddots & \vdots \\ -a_{n1} & -a_{n2} & \cdots & \lambda-a_{nn} \end{vmatrix} = 0 \tag{4.44}$$

の形になり，(4.44)式を展開すれば，

$$\lambda^n + c_1\lambda^{n-1} + c_2\lambda^{n-2} + \cdots + c_{n-1}\lambda + c_n = 0 \tag{4.45}$$

が得られます。(4.45)式を固有方程式，あるいは特性方程式といいます。また，

$$f(\lambda) = |\lambda I - A| \tag{4.46}$$

のことを固有多項式，あるいは特性多項式とよびます。(4.45)式の解は行列 A の固有値（Eigen Value）とよばれます。この固有値は古典制御理論での特性根と同じになるため特性根とよばれることもあります。特性多項式に対して，

$$f(A) = A^n + c_1 A^{n-1} + c_2 A^{n-2} + \cdots + c_{n-1}A + c_n I = 0 \tag{4.47}$$

が成り立ちます。(4.47)式をケーリー・ハミルトン（Cayley-Hamilton）の定理といいます。

行列 A が $(n \times n)$ 行列の場合，固有値は n 個あって実数か共役な複素数です。固有値 λ_i に対応して(4.41)式を満足するベクトル v_i，すなわち，

$$[\lambda_i I - A] v_i = 0 \tag{4.48}$$

を満足する v_i を固有ベクトル（Eigen Vector）といいます。固有値がすべて異なる場合には固有値に対応して固有ベクトルが(4.48)式から決まります。しかし，固有値が重解の場合には(4.48)式だけからでは一義的に決まらない場合もあります。そのときは，あらかじめ求められた固有ベクトル v_i を用いて，

$$[\lambda_i I - A] v_{i+1} = v_i \tag{4.49}$$

から残りの固有ベクトルを決定することができます。

例題 4.16

次の行列の固有値および固有ベクトルを求めよ。

$$A = \begin{bmatrix} 0 & 1 \\ 1 & 0 \end{bmatrix}$$

解答 $[\lambda I - A] = \begin{bmatrix} \lambda & -1 \\ -1 & \lambda \end{bmatrix}$ だから，特性方程式 $\lambda^2 - 1 = 0$ となり固有値は

$\lambda=\pm 1$ です。$\lambda=1$ の場合の固有ベクトルを $\boldsymbol{v}_1=[v_{11}\ v_{12}]^T$ とすれば，$\begin{bmatrix} 0 & 1 \\ 1 & 0 \end{bmatrix}\begin{bmatrix} v_{11} \\ v_{12} \end{bmatrix}=1\begin{bmatrix} v_{11} \\ v_{12} \end{bmatrix}$ から $v_{11}=v_{12}$ が得られます。したがって，この関係式を満足する固有ベクトルとして $\boldsymbol{v}_1=[1\ 1]^T$ とすることができます。ベクトルのノルムが1になるように規格化すれば $\boldsymbol{v}_1=\left[\dfrac{1}{\sqrt{2}}\ \dfrac{1}{\sqrt{2}}\right]^T$ となります。

$\lambda=-1$ の場合の固有ベクトル $\boldsymbol{v}_2=[v_{21}\ v_{22}]^T$ は，$\begin{bmatrix} 0 & 1 \\ 1 & 0 \end{bmatrix}\begin{bmatrix} v_{21} \\ v_{22} \end{bmatrix}=-1\begin{bmatrix} v_{21} \\ v_{22} \end{bmatrix}$ から $v_{21}=-v_{22}$ です。したがって，$\boldsymbol{v}_2=[-1\ 1]^T$ とすることができます。また，$\boldsymbol{v}_2=[1\ -1]^T$ としてもかまいません。この例からわかるように，固有ベクトルは特定のベクトルが決定されるのではなく，ベクトルの方向が決定されるのです。

例題 4.17

次の行列の固有値，固有ベクトルを求めよ。

$$A=\begin{bmatrix} 0 & 1 & 1 \\ 1 & 0 & 1 \\ 1 & 1 & 0 \end{bmatrix}$$

解答

$$[\lambda \boldsymbol{I}-\boldsymbol{A}]=\begin{bmatrix} \lambda & -1 & -1 \\ -1 & \lambda & -1 \\ -1 & -1 & \lambda \end{bmatrix}$$

です。$f(\lambda)=\lambda^3-3\lambda-2=(\lambda+1)^2(\lambda-2)=0$ となるので，固有値は -1，2 であり -1 は重解です。

$\lambda=2$ に対する固有ベクトル $\boldsymbol{v}_1$ は，

$$\begin{bmatrix} 0 & 1 & 1 \\ 1 & 0 & 1 \\ 1 & 1 & 0 \end{bmatrix}\begin{bmatrix} v_{11} \\ v_{12} \\ v_{13} \end{bmatrix}=2\begin{bmatrix} v_{11} \\ v_{12} \\ v_{13} \end{bmatrix} \quad \begin{array}{l} -2v_{11}+v_{12}+v_{13}=0 \\ v_{11}-2v_{12}+v_{13}=0 \\ v_{11}+v_{12}-2v_{13}=0 \end{array}$$

から $v_{11}=v_{12}=v_{13}$ であり，たとえば $\boldsymbol{v}_1=[1\ 1\ 1]^T$ とすることができます。

次に，$\lambda=-1$ に対する固有ベクトル $\boldsymbol{v}_2$ は，

$$\begin{bmatrix} 0 & 1 & 1 \\ 1 & 0 & 1 \\ 1 & 1 & 0 \end{bmatrix} \begin{bmatrix} v_{21} \\ v_{22} \\ v_{23} \end{bmatrix} = -1 \begin{bmatrix} v_{21} \\ v_{22} \\ v_{23} \end{bmatrix}$$ から $v_{21}+v_{22}+v_{23}=0$ です。この関係式を満足できるように2個の独立なベクトルを考えれば，たとえば，

$$\boldsymbol{v}_2 = [1\ -1\ 0]^T,\ \boldsymbol{v}_3 = [1\ 0\ -1]^T$$

を考えることができます。したがって，3個の固有ベクトルは，

$$\boldsymbol{v}_1 = [1\ 1\ 1]^T,\ \boldsymbol{v}_2 = [1\ -1\ 0]^T,\ \boldsymbol{v}_3 = [1\ 0\ -1]^T$$

とすることができます。なお，この固有ベクトルの選び方は唯一ということではありません。

例題 4.18
例題 4.17 で固有ベクトルの直交性について考察せよ。

解答 ベクトル $\boldsymbol{v}_1$ とベクトル $\boldsymbol{v}_2$ およびベクトル $\boldsymbol{v}_1$ とベクトル $\boldsymbol{v}_3$ はいずれも内積が 0 であり直交していますが，ベクトル $\boldsymbol{v}_2$ とベクトル $\boldsymbol{v}_3$ は 1 次独立ではあるけども直交はしていません。ベクトル $\boldsymbol{v}_2$ とベクトル $\boldsymbol{v}_3$ が 1 次独立であることは (4.40) 式の定義をあてはめて $c_1 v_2 + c_2 v_3 = 0$ を考えた場合，$c_1 = c_2 = 0$ になることで確認できます。

例題 4.19
次の行列の固有値，固有ベクトルを求めよ。

$$A = \begin{bmatrix} 0 & 1 \\ -4 & -4 \end{bmatrix}$$

解答 $[\lambda \boldsymbol{I} - \boldsymbol{A}] = \begin{bmatrix} \lambda & -1 \\ 4 & \lambda+4 \end{bmatrix}$ だから，$f(\lambda) = (\lambda+2)^2 = 0$ からこの場合の固有値は -2 で重解です。固有ベクトルの 1 つを $\boldsymbol{v}_1 = [v_{11},\ v_{12}]^T$ とすれば，

$$\begin{bmatrix} 0 & 1 \\ -4 & -4 \end{bmatrix} \begin{bmatrix} v_{11} \\ v_{12} \end{bmatrix} = -2 \begin{bmatrix} v_{11} \\ v_{12} \end{bmatrix}$$

から，$2v_{11}+v_{12}=0$ です。たとえば $\boldsymbol{v}_1 = [1\ -2]^T$ とすることができます。しかし，この場合はもう 1 つの固有ベクトルを決定することはできませ

ん。そこで v_1 を用いて，
$$[\lambda I - A] v_2 = v_1$$
と置けば，
$$\begin{bmatrix} -2 & -1 \\ 4 & 2 \end{bmatrix} \begin{bmatrix} v_{21} \\ v_{22} \end{bmatrix} = \begin{bmatrix} 1 \\ -2 \end{bmatrix}$$
から，$2v_{21} + v_{22} = -1$ です。したがって，$v_2 = [-1 \ 1]^T$ となります。固有ベクトルは，$v_1 = [1 \ -2]^T$ $v_2 = [-1 \ 1]^T$ とすることができます。

❹-❻ 行列の対角化

$n \times n$ 行列 A の固有値を $\lambda_1, \lambda_2, \cdots\cdots, \lambda_n$ とし，おのおのの固有値に対応する固有ベクトルを $v_1, v_2, \cdots\cdots, v_n$ とします。ここで，簡単のために固有値に重解はないことを仮定します。このとき，固有ベクトルからつくられる行列 T

$$T = [v_1 \ v_2 \cdots\cdots v_n] \tag{4.50}$$

を用いれば，異なる固有値に対する固有ベクトルは互いに1次独立だから，行列式 $|T| \neq 0$，すなわち行列 T は正則です。このとき，

$$AT = A[v_1 \ v_2 \cdots\cdots v_n] = [Av_1 \ Av_2 \cdots\cdots Av_n]$$

$$= [\lambda_1 v_1 \ \lambda_2 v_2 \cdots\cdots \lambda_n v_n] = [v_1 \ v_2 \cdots\cdots v_n] \begin{bmatrix} \lambda_1 & 0 & \cdots\cdots & 0 \\ 0 & \lambda_2 & \cdots\cdots & 0 \\ \vdots & \vdots & \vdots & \vdots \\ 0 & \cdots & \cdots\cdots & \lambda_n \end{bmatrix} \tag{4.51}$$

です。したがって，

$$\Lambda = \begin{bmatrix} \lambda_1 & 0 & \cdots\cdots & 0 \\ 0 & \lambda_2 & \cdots\cdots & 0 \\ \vdots & & & \vdots \\ 0 & \cdots & \cdots\cdots & \lambda_n \end{bmatrix} \tag{4.52}$$

と置けば，

$$AT = T\Lambda \tag{4.53}$$

です。したがって，

$$\Lambda = T^{-1} A T \tag{4.54}$$

です．すなわち行列 A は，その固有ベクトルからなる変換行列 T を用いて対角要素に固有値が並ぶ対角行列に変換することができるのです．固有値に重解がある場合には（4.52）式の形か，あるいはジョルダンの標準形とよばれる行列の形になります．この分野についてさらに興味がある読者はたとえば文献 10 などを参照して下さい．

例題 4.20
例題 4.16 の行列を対角化せよ．

解答 $A = \begin{bmatrix} 0 & 1 \\ 1 & 0 \end{bmatrix}$ であり，固有値は 1，-1 で，それぞれに対応する固有ベクトルは $\boldsymbol{v}_1 = \begin{bmatrix} 1 \\ 1 \end{bmatrix}$，$\boldsymbol{v}_2 = \begin{bmatrix} -1 \\ 1 \end{bmatrix}$ だから $T = \begin{bmatrix} 1 & -1 \\ 1 & 1 \end{bmatrix}$ です．

このとき，

$$T^{-1}AT = \frac{1}{2}\begin{bmatrix} 1 & 1 \\ -1 & 1 \end{bmatrix}\begin{bmatrix} 0 & 1 \\ 1 & 0 \end{bmatrix}\begin{bmatrix} 1 & -1 \\ 1 & 1 \end{bmatrix} = \begin{bmatrix} 1 & 0 \\ 0 & -1 \end{bmatrix}$$

です．$\boldsymbol{v}_2$ として $\boldsymbol{v}_2 = [1 \quad -1]^T$ を選んでも結果は同じになります．ただ，変換行列 T の行列式が正か負の違いがあります．

例題 4.21
例題 4.17 の行列を対角化せよ．

解答 $A = \begin{bmatrix} 0 & 1 & 1 \\ 1 & 0 & 1 \\ 1 & 1 & 0 \end{bmatrix}$ であり固有値は 2，-1 で -1 は重解です．それぞれに対応する固有ベクトルは，

$\boldsymbol{v}_1 = \begin{bmatrix} 1 \\ 1 \\ 1 \end{bmatrix}$，$\boldsymbol{v}_2 = \begin{bmatrix} 1 \\ -1 \\ 0 \end{bmatrix}$，$\boldsymbol{v}_3 = \begin{bmatrix} 1 \\ 0 \\ -1 \end{bmatrix}$ で $T = \begin{bmatrix} 1 & 1 & 1 \\ 1 & -1 & 0 \\ 1 & 0 & -1 \end{bmatrix}$ となります．

$$T^{-1}AT = \frac{1}{3}\begin{bmatrix} 1 & 1 & 1 \\ 1 & -2 & 1 \\ 1 & 1 & -2 \end{bmatrix}\begin{bmatrix} 0 & 1 & 1 \\ 1 & 0 & 1 \\ 1 & 1 & 0 \end{bmatrix}\begin{bmatrix} 1 & 1 & 1 \\ 1 & -1 & 0 \\ 1 & 0 & -1 \end{bmatrix} = \begin{bmatrix} 2 & 0 & 0 \\ 0 & -1 & 0 \\ 0 & 0 & -1 \end{bmatrix}$$

例題 4.22

例題 4.19 の行列を対角化せよ。

解答 $A = \begin{bmatrix} 0 & 1 \\ -4 & -4 \end{bmatrix}$ で固有値は -2（重解）です。固有ベクトルは，

$v_1 = \begin{bmatrix} 1 \\ -2 \end{bmatrix}$, $v_2 = \begin{bmatrix} 1 \\ -1 \end{bmatrix}$ だから $T = \begin{bmatrix} 1 & 1 \\ -2 & -1 \end{bmatrix}$ です。このとき，

$$T^{-1}AT = \begin{bmatrix} -1 & -1 \\ 2 & 1 \end{bmatrix} \begin{bmatrix} 0 & 1 \\ -4 & -4 \end{bmatrix} \begin{bmatrix} 1 & 1 \\ -2 & -1 \end{bmatrix} = \begin{bmatrix} -2 & 1 \\ 0 & -2 \end{bmatrix}$$

です。この形の行列をジョルダンの標準形と言います。

第4章 練習問題

❶ 本文(4.20)式を用いて $(ABC)^T = C^T B^T A^T$ を示せ。

❷ 次の行列の逆行列を求めよ。

(1) $A = \begin{bmatrix} 1 & 2 & 1 \\ 3 & 5 & 1 \\ 0 & 0 & 1 \end{bmatrix}$ (2) $A = \begin{bmatrix} 1 & 2 & 2 \\ 2 & -2 & 1 \\ 2 & 1 & -2 \end{bmatrix}$

❸ 次の行列の固有値,固有ベクトルを求めよ。

(1) $A = \begin{bmatrix} 1 & 2 \\ -1 & 4 \end{bmatrix}$ (2) $A = \begin{bmatrix} 3 & 2 & 4 \\ 2 & 0 & 2 \\ 4 & 2 & 3 \end{bmatrix}$

❹ 次の行列の固有ベクトルを求め,対角化せよ。

(1) $A = \begin{bmatrix} 2 & -2 & 3 \\ 1 & 1 & 1 \\ 1 & 3 & -1 \end{bmatrix}$ (2) $A = \begin{bmatrix} 0 & 1 & 0 \\ 0 & 0 & 1 \\ 3 & -7 & 5 \end{bmatrix}$

❺ A が対称行列なら $T^T A + AT$, $T^T AT$ はいずれも対称行列であることを示せ。

付録1　単位系

1-1　SI単位系の基本単位

　数学と工学の基本的な違いは何かといえば，それは単位にあります。たとえば数学では2+3=5であって，この式はつねに正しいのです。しかし，工学ではこの式は意味不明です。2〔m〕+3〔m〕=5〔m〕ならわかります。2〔kg〕+3〔kg〕=5〔kg〕でもかまいません。しかし，2〔m〕+3〔kg〕=5〔?〕では意味が通じないのです。「そんな馬鹿な計算を！」と思う読者が多いかも知れません。ところが実際にはこの種の間違いに気付かない人が非常に多いのです。

> **例題 1**
>
> 次の式で間違いはどれか。ただし，m〔kg〕，ρ〔kg/m³〕，v〔m/s〕，g〔m/s²〕，h〔m〕である。
>
> ① $\frac{1}{2}mv^2+mgh$　② $\frac{1}{2}mv^2+\rho gh$　③ $\frac{1}{2}\rho v^2+\rho gh$

解答　間違いは②式です。ここで一応，正解を書いておきますが，この付録を読み終わってからもういちど必ず確認して下さい。

①　式の単位は，

$$\frac{1}{2}mv^2 \rightarrow \left[\text{kg}\left(\frac{\text{m}}{\text{s}}\right)^2\right]=\left[\frac{\text{kg}\cdot\text{m}}{\text{s}^2}\cdot\text{m}\right]=〔\text{N}\cdot\text{m}〕=〔\text{J}〕$$

$$mgh \rightarrow \left[\text{kg}\cdot\frac{\text{m}}{\text{s}^2}\cdot\text{m}\right]=〔\text{N}\cdot\text{m}〕=〔\text{J}〕$$

です。〔J〕はジュールと読んでエネルギーの単位です。運動エネルギーと位置エネルギーの和になっています。エネルギー保存の法則ででてくる式です。なお，この章では単位を〔　〕書きで表現します。

②　式の単位は，

$$\frac{1}{2}mv^2 \rightarrow \left[\text{kg}\cdot\left(\frac{\text{m}}{\text{s}}\right)^2\right]=\left[\frac{\text{kg}\cdot\text{m}}{\text{s}^2}\cdot\text{m}\right]=〔\text{N}\cdot\text{m}〕=〔\text{J}〕$$

$$\rho gh \rightarrow \left[\frac{\text{kg}}{\text{m}^3}\cdot\frac{\text{m}}{\text{s}^2}\cdot\text{m}\right]=\left[\frac{\text{kg}\cdot\text{m}}{\text{s}^2}\cdot\frac{1}{\text{m}^2}\right]=\left[\frac{\text{N}}{\text{m}^2}\right]=〔\text{pa}〕$$

です．〔pa〕はパスカルと読んで圧力の単位です．〔J〕＋〔pa〕となってこの式は意味不明なのです．

③ 式の単位は，

$$\frac{1}{2}\rho v^2 \rightarrow \left[\frac{\text{kg}}{\text{m}^3}\cdot\left(\frac{\text{m}}{\text{s}}\right)^2\right] = \left[\frac{\text{kg}\cdot\text{m}}{\text{s}^2}\cdot\frac{1}{\text{m}^2}\right] = \left[\frac{\text{N}}{\text{m}^2}\right] = \text{〔pa〕}$$

$$\rho g h \rightarrow \left[\frac{\text{kg}}{\text{m}^3}\cdot\frac{\text{m}}{\text{s}^2}\cdot\text{m}\right] = \left[\frac{\text{kg}\cdot\text{m}}{\text{s}^2}\cdot\frac{1}{\text{m}^2}\right] = \left[\frac{\text{N}}{\text{m}^2}\right] = \text{〔pa〕}$$

です．③式は流体力学でのベルヌーイの法則にでてきます．付例題14 付例題16を参照して下さい．

　いきなり少し厄介な例題を示しましたが，この単位の計算をスムーズにできるようになるための説明が本付録なのです．数学では単位をもたない数字や文字を取り扱っていますが，工学で対象にする物理量にはすべて単位があります．単位も数学の文字式の計算と同じ要領で計算ができるのです．もし，1つの式に単位の異なる項が含まれていたら，その式は間違いです．工学ではつねに単位を確認する癖を付けて下さい．単位は工学の命なのです．

　ところで，重さや長さの単位は従来各国でまちまちでした．極端な例でいえば我が国の単位は尺貫法でした．長さの単位が尺で，重さは貫です．しかも，我が国の中でさえ尺にも曲尺や鯨尺などがあって，1尺の長さが業界によって異なっていたのです．国が違えば当然単位も違います．英国では長さがヤードで重さはポンドでした．米国ではフィート，ヤード，ポンド，キログラムが混在していたでしょう．このように使われる単位系が異なると，換算をやらなければなりません．この換算が案外厄介で時には重大な設計ミスの原因になりかねないのです．

　　　1〔ft〕＝0.3048〔m〕　，　1〔yd〕＝0.9144〔m〕

　　　1〔尺〕＝0.3030〔m〕　　　　　　　　　　　　　　　　　　　　(付.1)

といった具合です．これでは不便だということで世界で統一されたのが国際単位系（Le Systeme International d' Unites）なのです．簡単にSI単位系とよばれています．SI単位系はメートル法の系統のMKS単位系をベースにした単位系です．同じメートル法の流れに従来はcgs単位系や重力単位系などもありました．機械工学では重力単位系，電気工学や物理学ではcgs単位系が広く用いられていました．メートル法はフランスの発案だということでSI単位系のSIもフランス

流儀の表現になっています。

　我が国もこのSI単位系に準拠することが日本工業標準調査会によって1991年に決められています。同調査会は経済産業省に設置された審議会で日本工業規格（Japanease Industrial Standard：JIS）を制定しています。筆者が学生の頃はまだ機械工学科では重力単位系が常識だったのです。

　SI単位系では7つの基本単位と，それらの合成で構成される組立単位が決められています。7つの基本単位は次の通りです。

付表1　基本単位

名称	単位	記号
質量	キログラム	kg
長さ	メートル	m
時間	秒	s
温度	ケルビン	K
照度	カンデラ	cd
物質量	モル	mol
電流	アンペア	A

　基本単位は7つありますが教養課程の力学で主に使いこなさなければいけないのは質量，長さ，時間，温度の4つと考えて良いでしょう。この4つの単位さえ使いこなせれば力学に自信がつくはずです。もちろん，時にはモルやカンデラという単位に出会すこともありますが，基本は何といっても前述の4つなのです。ここで電気の単位はなぜ電流の〔A〕だけでいいのか不審に思う読者が居るかも知れません。このことについては付1-4で説明します。

例題 2

摂氏温度〔℃〕，華氏温度〔°F〕，絶対温度〔K〕の関係を示せ。

解答　摂氏温度は標準大気圧のもとで水の凝固点を0〔℃〕，沸点を100〔℃〕としその間を100等分しています。華氏ではそれぞれ32〔°F〕，212〔°F〕に対応しその間を180等分しています。また，絶対温度は熱力学温度とも

よび，すべての熱運動が停止する温度を絶対零度（0〔K〕）としています。この3つの温度の関係は次のとおりです。

$$〔°F〕=\frac{9}{5}〔°C〕+32 \quad 〔°C〕=\frac{5}{9}(〔°F〕-32)$$

$$〔K〕=〔°C〕+273.15$$

1-2　SI単位系の組立単位

(1) 距離・速度・加速度

次に組立単位です。まず直線運動について考えます。力学では直線運動のことを並進運動ともいいます。SI基本単位の長さをここではある定点からの距離と考えれば距離の単位は〔m〕です。距離，速度，加速度の関係は2.7節で説明した微分・積分の関係になっています。ここで，微分という操作は「時間で割る」ことを意味し，積分という操作は「時間を掛ける」ことなのです。微分・積分の演算記号では微小時間 dt になっており，単位としては〔s〕です。したがって，速度の単位は〔m/s〕，加速度の単位は〔m/s²〕となります。いずれも長さと時間という基本単位で構成される組み立て単位なのです。

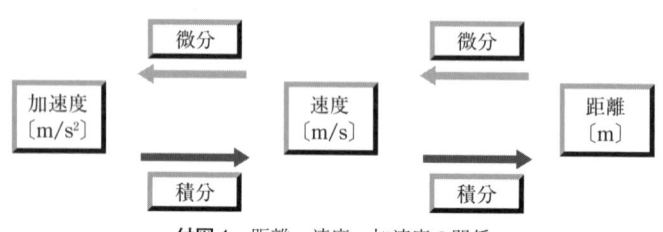

付図1　距離・速度・加速度の関係

例題 3

時速 50〔km/h〕および重力の加速度 980〔cm/s²〕をSI単位系に変換せよ。

解答
$$50\,[\text{km/h}] = \frac{50\times 10^3}{60\times 60}\left[\frac{\text{m}}{\text{s}}\right] = 13.9\,[\text{m/s}]$$
$$980\,[\text{cm/s}^2] = 980\times 10^{-2}\,[\text{m/s}^2] = 9.8\,[\text{m/s}^2]$$

(2) 回転角・角速度・角加速度

　物体の運動には直線運動のほかに回転運動があります。回転運動の場合，直線運動の距離に対応する物理量は角度です。この角度の大きさを表すSI単位系は〔rad〕で，これは組み立て単位に分類されている単位です。角度の表現法としては度数法と弧度法があります。度数法では円の1周を360度とします。単位は〔deg〕で〔°〕という記号を使います。一方，弧度法では円の1周は 2π 〔rad〕です。単位はラジアンと読みます。すなわち 2π 〔rad〕= 360〔°〕ですから，

$$\pi\,[\text{rad}] = 180\,[°] \tag{付.2}$$

です。1〔rad〕の定義は「半径 r〔m〕の円の円周上で半径と等しい長さの弧が張る中心角」です（本文図1.11）。半径 r の円の円周の長さは $2\pi r$ ですから，

$$\frac{2\pi r}{r} = 2\pi \tag{付.3}$$

で，円の中心角は 2π〔rad〕なのです。また，単位〔rad〕は〔m/m〕という定義から得られていますから無次元〔—〕となります。すなわち，弧度法による角度のSI単位は組み立て単位であり無次元の〔—〕なのです。工学での角度のSI単位は〔rad〕であることに十分注意して下さい。機械工学系の学生が犯すもっとも多い間違いは〔rad〕と〔deg〕の混同です。関数電卓で三角関数を使う場合はとくに注意して下さい。角度の入力に〔rad〕モードと〔deg〕モードがあります。

　もちろん，回転運動にも速度，加速度があります。直線運動の速度〔m/s〕に対して回転運動では角速度〔rad/s〕，加速度〔m/s^2〕に対しては角加速度〔rad/s^2〕です。

例題 4
地球の自転および公転の角速度を求めよ。ただし，1日を24時間，1年を365日とせよ。

解答　自転：$360\,[°/\text{日}] = \dfrac{2\pi}{24\times 60\times 60}\,[\text{rad/s}] = 7.2722\times 10^{-5}\,[\text{rad/s}]$

$$公転：360〔°/年〕= \frac{2\pi}{365\times24\times60\times60}〔rad/s〕= 1.9924\times10^{-7}〔rad/s〕$$

(3) 力の単位ニュートン

組立単位を考える際の重要なポイントは物理の公式を思い出すことです。力の単位が決定されるのは「ニュートンの運動に関する第2法則」からです。

$$ma = F \quad (付.4)$$

ここで，m は物体の質量で単位は〔kg〕で，a は物体の加速度で単位は〔m/s^2〕です。したがって，(付.4)式から力 F の単位は〔kgm/s^2〕となります。単位も文字式と同じように計算できるのです。この単位に組立単位としてニュートン〔N〕という記号が与えられています。すなわち，

$$〔N〕=〔kgm/s^2〕 \quad (付.5)$$

例題 5

質量が 1 ton の物体が及ぼす重力の大きさを求めよ。

解答　「質量が 1 ton の物体が及ぼす重力」とは質量 1 000〔kg〕の物体に重力の加速度 9.8〔m/s^2〕が作用した結果です。したがって，

$$10^3〔kg〕\times 9.8〔m/s^2〕= 9.8\times10^3〔kgm/s^2〕= 9.8\times10^3〔N〕$$

機械工学系の学生が犯す間違いの第2は質量〔kg〕と力〔N〕の混同です。この原因は SI 単位系が採用される以前に，重力単位系というものがあって，そこでは力の単位が〔kg〕だったのです。そのことを明確にするために力の単位を〔kgf〕や〔kgW〕と記す決まりだったのですが，それすら守られずに一般に力の単位は〔kg〕と表示されていました。たとえば体重計です。「体重は 50〔kg〕です」といった場合の〔kg〕は正しくは〔kgW〕の意味なのです。なぜなら体重を計るときには台秤に乗って（重力の加速度を働かせて），そこに 50〔kg〕という目盛りが書いてあるからです。もし「50〔kg〕は質量の意味です」と言い張るのなら「では貴方の体重は 490〔N〕ですね」ということになります。

(4) トルク

トルクは物体を回転させようとする力で，腕の長さ×力で定義されます。ここで × はベクトル積を表しています。すなわち，

$$T = a \times F \quad (付.6)$$

です。F は力で〔N〕，a は腕の長さで〔m〕ですからトルク T の単位は〔Nm〕となります。基本単位で表せば〔kgm²/s²〕です。

直線運動の(付.4)式に対応した回転運動の方程式は，

$$I\theta'' = T \tag{付.7}$$

です。ここで I は慣性モーメント，θ'' は角加速度で〔rad/s²〕，T は加えられたトルクで〔Nm〕ですから，慣性モーメントの単位は〔Nms²/rad〕となります。〔rad〕は無次元ですから〔Nms²〕です。

例題 6

物理学での慣性モーメントの定義は，

$$I = \sum mr^2$$

です。すなわち質量 m〔kg〕に回転軸からの距離 r〔m〕の2乗を掛けたものの総和です。この単位を確認せよ。

解答 〔kg〕×〔m²〕=〔kgm²〕=〔(kgm/s²)·(ms²)〕=〔Nms²〕

となって(付.7)式の場合の慣性モーメントと矛盾がないことがわかります。なお，この慣性モーメントの具体的な計算方法については2.11節ですでに説明しました。

(5) 運動量

力〔N〕の定義は質量〔kg〕×加速度〔m/s²〕ですが，質量 m〔kg〕×速度 v〔m/s〕で定義される物理量があります。これは運動量とよばれています。すなわち，運動量 mv の単位は〔kgm/s〕です。〔Ns〕と考えてもかまいません。力の単位とは〔s〕だけ違っています。ここで，微分という操作は時間で割ることだということを思い出せば，「運動量の時間的変化率は加えられた力に等しい」という物理法則が理解できるでしょう。すなわち，

$$\frac{d}{dt}(mv) = F \tag{付.8}$$

です。これはニュートンの運動に関する第2法則の一般形で，(付.8)式の左辺を積の微分を適用してそのまま微分すれば，

$$\frac{d}{dt}(m) \cdot v + m\frac{d}{dt}(v) = F \tag{付.9}$$

です。ここで，運動中に，物体の質量の変化がないと仮定すれば第1項は0です。また，第2項の速度の変化率は加速度ですから，結局(付.9)式は(付.4)式と同じ，

$$m\alpha = F \qquad (付.4)$$

となるのです。すなわち(付.4)式は質量の変化がない物体の運動方程式なのです。たとえば，宇宙ロケットのように飛翔中に急激に質量が変化する運動体の場合には(付.8)式を用いなければいけません。なお，(付.8)式で外力 F が0の場合は，

$$mv = 一定 \qquad (付.10)$$

となります。すなわち，外力が働かない場合は運動量は一定で保存されるという「運動量保存の法則」です。

例題 7

「運動量の変化は力積に等しい」ことを単位の面から確認せよ。

解答 力積は力 F〔N〕と力が作用した時間 Δt〔s〕の積 $F \cdot \Delta t$ ですから単位は〔Ns〕です。力積が働く前後の運動量の変化は $mv_1 - mv_2$ で単位は運動量と同じ〔kgm/s〕=〔(kgm/s^2)・s〕=〔Ns〕です。

この法則を数式で表現すれば，

$$mv_1 - mv_2 = F \cdot \Delta t$$

$$\frac{m(v_1 - v_2)}{\Delta t} = F$$

です。ここで $v_1 - v_2 = \Delta v$ とすれば，

$$\frac{m\Delta v}{\Delta t} = m\frac{dv}{dt} = F$$

となり，質量に変化がない場合のニュートンの運動に関する第2法則になります。

(6) 角運動量

回転運動の場合，直線運動の運動量に対応した物理量は角運動量です。角運動量 H は，

$$H = I\omega \qquad (付.11)$$

で定義されます。ここで I は慣性モーメント〔Nms^2〕, ω〔rad/s〕は回転角速度です。〔rad〕は無次元ですから除外して考えれば角運動量の単位は〔Nms〕です。これもトルクの単位〔Nm〕と〔s〕だけ違っています。したがって，

$$\frac{d}{dt}(H) = T \qquad (付.12)$$

が成り立ちます。これは「角運動量の時間的な変化率は加えられたトルクに等しい」という，回転運動の場合のニュートンの第2法則なのです。もちろん，この場合も外力トルクが0の場合は角運動量は保存されます。

> **例題 8**
> 「角運動量の変化は力積モーメントに等しい」ことを単位の面から確認せよ。

解答 力積モーメントは力のモーメント T〔Nm〕とモーメントが作用した時間 Δt〔s〕の積ですから単位は $T \cdot \Delta t$〔Nms〕です。力積モーメントが働く前後の角運動量の変化は $I\omega_1 - I\omega_2$ で単位は角運動量と同じ〔Nms〕です。

この法則も数式で表現すれば，

$$I\omega_1 - I\omega_2 = T \cdot \Delta t$$

$$\frac{I(\omega_1 - \omega_2)}{\Delta t} = T$$

ここで，$\omega_1 - \omega_2 = \Delta \omega$ として，

$$\frac{I\Delta\omega}{\Delta t} = I\frac{d\omega}{dt} = T$$

となり，慣性モーメントが一定の場合のニュートンの第2法則になります。

(7) 圧力の単位

工学で頻繁に出てくるもう1つの単位は圧力でしょう。圧力の定義は「単位面積あたりに働く力」ですから単位は〔N/m^2〕です。長さのSI単位が〔m〕ですから単位面積といえば1〔m^2〕になります。この〔N/m^2〕に〔Pa〕という記号が与えられているのです。パスカルと読みます。

例題 9

1気圧（1〔atm〕）をパスカル〔Pa〕で表現せよ。ただし，1気圧の定義は760〔mmHg〕である。また，水銀の密度は13.6〔g/cm³〕とせよ。

解答 まず，SI単位系に統一します。

$$13.6 \,[\text{g/cm}^3] = 13.6 \times 10^{-3} \times (10^2)^3 \,[\text{kg/m}^3]$$
$$= 1.36 \times 10^4 \,[\text{kg/m}^3]$$

高さ760〔mm〕の水銀柱の重力と1気圧が釣り合っているから，

$$1 \,[\text{atm}] = 760 \,[\text{mmHg}]$$
$$= 0.76 \,[\text{m}] \times 1.36 \times 10^4 \,[\text{kg/m}^3] \times 9.8 \,[\text{m/s}^2]$$
$$= 1.013 \times 10^5 \,[(\text{kgm/s}^2)/\text{m}^2]$$
$$= 1.013 \times 10^5 \,[\text{Pa}]$$

です。なお，慣用的に $1\,[\text{hPa}] = 10^2\,[\text{Pa}]$ を用いれば，

$$1 \,[\text{atm}] = 1\,013 \,[\text{hPa}]$$

です。ヘクトパスカルと読んで天気予報などで使われています。

例題 10

材料力学で用いられる応力の単位について述べよ。

解答 材料力学で用いられる応力は単位面積として1〔mm²〕を考えています。

$$1 \,[\text{mm}] = 10^{-3} \,[\text{m}]$$
$$1 \,[\text{mm}^2] = (10^{-3})^2 \,[\text{m}^2] = 10^{-6} \,[\text{m}^2]$$

ですから，

$$1 \,[\text{N/mm}^2] = 1 \left[\frac{\text{N}}{10^{-6}\text{m}^2}\right] = 10^6 \,[\text{N/m}^2]$$

です。すなわち，材料力学で使う応力の単位は以下となります。

$$1 \,[\text{N/mm}^2] = 10^6 \,[\text{Pa}] = 1 \,[\text{MPa}]$$

ここで M はメガと読み 10^6 の意味です。このような記号をSI単位の接頭辞といいます。

付表2　接頭辞

呼称	倍数	記号	呼称	倍数	記号
キロ	10^3	k	ミリ	10^{-3}	m
メガ	10^6	M	マイクロ	10^{-6}	μ
ギガ	10^9	G	ナノ	10^{-9}	n
テラ	10^{12}	T	ピコ	10^{-12}	p

1-3　係数の単位

　工学では係数にもすべて単位を考えます。中には無次元の係数もありますが，その場合でも〔−〕と表記します。

例題 11
すべり摩擦係数の単位を示せ。

解答　すべり摩擦力 f は垂直抗力に比例します。すなわち，
$$f = \mu N$$
です。ここで，μ はすべり摩擦係数，N は垂直抗力です。f, N ともに単位は力の単位〔N〕ですから μ は無次元〔−〕の係数になります。

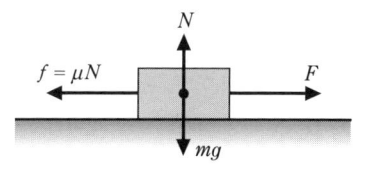

例題 12
万有引力係数 G の単位を示せ。

解答　万有引力の法則は，
$$F = G\frac{Mm}{r^2}$$
です。ここで，F〔N〕が万有引力，M, m は2つの物体の質量で単位は〔kg〕，r は2つの物体間の距離で単位は〔m〕です。したがって万有引力係数 G の単位は，

$$\left[\frac{\text{N} \cdot \text{m}^2}{\text{kg} \cdot \text{kg}}\right] = \left[\frac{\text{kgm}}{\text{s}^2} \frac{\text{m}^2}{\text{kg} \cdot \text{kg}}\right] = [\text{m}^3 \text{kg}^{-1} \text{s}^{-2}]$$

となります。G の値は $G = 6.6720 \times 10^{-11}$ 〔$\text{m}^3\text{kg}^{-1}\text{s}^{-2}$〕です。

例題 13

気体定数 R の単位を求めよ。

解答 物理学によると気体定数 R はボルツマン定数 k_B 〔JK^{-1}〕とアボガドロ数 N_A 〔mol^{-1}〕の積で与えられますが,まずボイル・シャルルの法則を思い出すことが重要でしょう。理想気体に対する状態方程式です。

$$pv = nRT$$

ここで,p 〔N/m^2〕は理想気体の圧力,v 〔m^3〕は体積,n 〔mol〕は気体のモル数,T 〔K〕は絶対温度です。したがって,気体定数 R の単位は,

$$\left[\frac{\text{N}}{\text{m}^2} \text{m}^3 \frac{1}{\text{mol}} \frac{1}{\text{K}}\right] = \left[\frac{\text{Nm}}{\text{molK}}\right] = [\text{J} \cdot \text{K}^{-1} \cdot \text{mol}^{-1}]$$

となります。ここで〔J〕は,ジュールと読み〔Nm〕です。これはエネルギーの単位です。この気体定数の単位は,もちろんボルツマン定数とアボガドロ数の単位を掛け合わせた単位になっています。

なお,補足ですが,1〔mol〕というのはアボガドロ数に等しい分子数を含む気体のことで,標準気体の場合 0〔℃〕,1〔atm〕の条件のもとで体積は 22.4〔l〕= 22.4×10^{-3}〔m^3〕です。

1-4 仕事の単位

次は仕事の単位です。力学での仕事 W は,加えた力 F〔N〕と物体の移動距離 r〔m〕の内積で定義されますから,

$$W = (F \cdot r) = Fr \cos \theta \quad [\text{Nm}] \tag{付.13}$$

です。SI 単位系ではこの〔Nm〕にジュール〔J〕という組立単位を与えています。また,単位時間あたりの仕事量〔J/s〕に仕事率〔W〕という組立単位を与えています。ワットと読みます。すなわち,

$$[\text{W}] = [\text{J/s}] = [\text{Nm/s}] \tag{付.14}$$

です。仕事量の W という記号と仕事率の単位ワット〔W〕が紛らわしいかも知れませんが，本書では単位は一貫して〔　〕書きにしています。

一方，電気工学での仕事率は電流 I〔A〕と電圧 V〔V〕の積で与えられます。電流と電圧の単位はそれぞれアンペア，ボルトです。この電流と電圧の積も単位はワット〔W〕ですが，これは力学での仕事率と同じなのです。すなわち，

$$[\text{W}] = [\text{J/s}] = [\text{A}]\,[\text{V}] \tag{付.15}$$

が成り立っています。〔A〕が SI 単位系の基本単位に選ばれていますから，この関係式を用いることにより電圧の SI 単位は〔Js^{-1}A^{-1}〕となります。しかし，この単位に組立単位として〔V〕が与えられていますから，結局電気工学での単位はそのまま SI 単位として通用することになります。たとえば抵抗 R〔Ω〕は，

$$電圧\ V\,[\text{V}] = 電流\ I\,[\text{A}] \times 抵抗\ R\,[\Omega] \tag{付.16}$$

から，

$$[\Omega] = [\text{VA}^{-1}] = [\text{Js}^{-1}\text{A}^{-2}] \tag{付.17}$$

となります。この〔Js^{-1}A^{-2}〕に組立単位〔Ω〕が与えられていますから，電気工学の単位は従来のままで問題ありません。

なお，力学でのエネルギーの単位も仕事の〔J〕です。力学的エネルギーには運動エネルギーと位置エネルギーがあり，この両者の和は一定であるというのがエネルギー保存の法則です。この力学的エネルギーと熱量との間の関係が，熱の仕事当量で，

$$1\,[\text{cal}] = 4.2\,[\text{J}] \tag{付.18}$$

という関係が実験的に確認されているのです。

例題 14

力学的エネルギーの単位を確認せよ。

解答　運動エネルギーは $\frac{1}{2}mv^2$ で，m は質量〔kg〕，v は速度〔m/s〕ですから単位は，

$$\left[\text{kg}\frac{\text{m}^2}{\text{s}^2}\right] = \left[\frac{\text{kgm}}{\text{s}^2}\text{m}\right] = [\text{Nm}]$$

です。また，位置エネルギーは mgh で，m は質量〔kg〕，g は重力の加速度〔m/s^2〕，h は物体の高さで〔m〕です。したがって，

$$\left[\mathrm{kg}\frac{\mathrm{m}}{\mathrm{s}^2}\mathrm{m}\right] = \left[\frac{\mathrm{kgm}}{\mathrm{s}^2}\mathrm{m}\right] = [\mathrm{Nm}]$$

で，エネルギーの単位はいずれも仕事の単位〔J〕です。

例題 15
熱の仕事当量について説明せよ。

解答 熱力学では 1〔g〕の水を 1〔℃〕上昇させるのに必要な熱量を 1〔cal〕と言います（厳密には水を 14.5〔℃〕から 15.5〔℃〕に上昇させるのに必要な熱量）。この熱量と力学的エネルギーの仕事〔J〕の関係を実験的に求めたのが英国の物理学者ジュールで，

$$1\,[\mathrm{cal}] = 4.1855\,[\mathrm{J}]$$

です。この係数を熱の仕事当量といいます。

例題 16
水力学におけるベルヌーイの定理を単位の面から確認せよ。

解答 ベルヌーイの定理は，

$$p + \frac{1}{2}\rho v^2 + \rho g h = 一定$$

です。p は静圧とよばれ単位は〔Pa〕，ρ は流体の密度で〔kg/m^3〕，h は流体の高さで〔m〕です。

$$[\rho v^2] = \left[\frac{\mathrm{kg}}{\mathrm{m}^3}\frac{\mathrm{m}^2}{\mathrm{s}^2}\right] = \left[\frac{\mathrm{kgm}}{\mathrm{s}^2}\frac{1}{\mathrm{m}^2}\right] = \left[\frac{\mathrm{N}}{\mathrm{m}^2}\right] = [\mathrm{Pa}]$$

$$[\rho g h] = \left[\frac{\mathrm{kg}}{\mathrm{m}^3}\frac{\mathrm{m}}{\mathrm{s}^2}\mathrm{m}\right] = \left[\frac{\mathrm{kgm}}{\mathrm{s}^2}\frac{1}{\mathrm{m}^2}\right] = \left[\frac{\mathrm{N}}{\mathrm{m}^2}\right] = [\mathrm{Pa}]$$

定理のすべての項が圧力の単位〔Pa〕でそろっています。$\frac{1}{2}\rho v^2$ のことを動圧といいます。

1-5　直線運動と回転運動

ひととおりの単位が出そろったところで直線運動と回転運動を対比させて整理をしておきましょう。

付表3　直線運動と回転する運動の対比

直線運動	単位	回転運動	単位
質量	kg	慣性モーメント	$kg \cdot m^2$
力	$kg \cdot m \cdot s^{-2}$	トルク	$kg \cdot m^2 \cdot s^{-2}$
運動方程式	$mx'' = F$	運動方程式	$I\theta'' = T$
位置	m	角度	rad
速度	$m \cdot s^{-1}$	角速度	$rad \cdot s^{-1}$
加速度	$m \cdot s^{-2}$	角加速度	$rad \cdot s^{-2}$
運動量	$kg \cdot m \cdot s^{-1}$	角運動量	$kg \cdot m^2 \cdot rad \cdot s^{-1}$

ここで1つ注意が必要です。直線運動の場合はその尺度を表す位置が〔m〕という単位をもちますが，回転運動の場合回転角度の単位は〔rad〕です。〔rad〕の内訳は〔m/m〕ですから無次元の単位〔－〕なのです。したがって次元解析としては記載しないことになるのですが，このことがしばしば混乱を起こしているように思います。

たとえば，トルクの単位は〔N・m〕です。これは直線運動の仕事と同じ単位です。直線運動では力と変位の内積が仕事であり，回転運動では腕の長さと力のベクトル積がトルクです。単位としてはこの両者が同じになるのです。

ところで，回転系の運動方程式 $I\theta'' = T$ を用いて〔rad〕を残したままトルクの単位を確認すれば，

$$[kg \cdot m^2] \left[\frac{rad}{s^2}\right] = \left[\frac{kg \cdot m}{s^2} \cdot m \cdot rad\right] = [N \cdot m \cdot rad] \qquad (付.19)$$

ですから〔rad〕残したこの単位をトルクの単位と考えておいた方が良いと思います。回転角を生じさせて初めてトルクなのです。(付.11)式，(付.12)式でも〔rad〕を省いて説明しましたが，両辺に〔rad〕を残した形で考えた方が良いでしょう。

付録2　Excel VBA の使用法

　Excel VBA を初めて利用する読者は，東京電機大学出版局のホームページから例題 3.26 例題 3.27 で使用したプログラムをダウンロードして，下記の手順にしたがって実行して下さい。初めての方でも 2，3 回実行してみれば様子が分かります。また，別のファイル名を付けて保存もできますし，このプログラムをもとにしてさまざまな修正を加えることもできます。新規にプログラムを作成するより簡単です。

・Office2003 で実行する場合

1　例題 3.26 のプログラムをダウンロードしてダブルクリックすると，「セキュリティー警告」が出ます。

2　「マクロを有効にする」をクリックすると，Excel シートが表示されます。

3　Excel 画面のいちばん上のツールバーから「ツール」「マクロ」「マクロ」の順に選びます。

4　マクロのウィンドウが開かれたら，プログラムを実行したい場合は「実行」を，プログラムの内容を確認したり変更したい場合には「編集」を選びます。「実行」を選択すると Excel シートに戻ってプログラムが実行されます。また，「編集」を選択すると Editor が開かれプログラムが表示されます。

5　Editor を閉じる場合は右上の × 印，または左端の Excel のアイコンをクリックします。

・Office2003 で新規に Excel VBA プログラムを作成する場合

1　Excel を起動します。

2　Excel 画面のいちばん上のツールバーから「ツール」「マクロ」「Visual Basic Editor」を選択します。このとき右側に灰色のウィンドウが開きます。

3　「挿入」「標準モジュール」を選択すれば灰色の部分が白く変わり，プログラムエリアが表示されます。これが新規に Editor が開かれた状態です。

4　Editor 内に sub ロケット( ) と入力すれば自動的に End sub が付加されます。その間にプログラムを書き込みます。Sub の次は半角スペースを空けて下さい。プログラムの名前は「ロケット」になります。

5　Editor を閉じる場合は右上の × 印，または左端の Excel のアイコンをクリ

ックします。

・Office2007で実行する場合

1　Office2007では例題3.26のプログラムをダブルクリックするとExcelシートが開きます。

2　ツールバー「ホーム」「挿入」の最後に「開発」タブがあり，これをクリックすると左端に「Visual Basic」と「マクロ」のアイコンが表示されます。「Visual Basic」を選択するとEditorが開きプログラムが表示されます。「マクロ」を選択するとプログラムの実行ができます。

　なお，「開発」タブが表示されていない読者は次の要領で「開発」タブを表示してください。

　①Excelシートの上段・左端にあるOfficeボタンをクリック。

　②ウィンドウの最下行にある「Excelのオプション」をクリック。

　③基本設定の「開発タブをリボンに表示」をチェック。

3　Editorを閉じる場合は右上の×印，または左端のExcelのアイコンをクリックします。

・Office2007で新規にExcel VBAプログラムを作成する場合

1　Excelを起動します。

2　ツールバー「ホーム」「挿入」の最後に「開発」タブがあり，これを選択すると左端に「Visual Basic」と「マクロ」のアイコンが表示されます。「Visual Basic」を選択すると右側が灰色のウィンドウが開きます。

　なお，「開発」タブが表示されていない読者は次の要領で「開発」タブを表示してください。

　①Excelシートの上段・左端にあるOfficeボタンをクリック。

　②ウィンドウの最下行にある「Excelのオプション」をクリック。

　③基本設定の「開発タブをリボンに表示」をチェック。

3　「挿入」「標準モジュール」を選択すれば灰色の部分が白く変わり，プログラムエリアが表示されます。これが新規にEditorが開かれた状態です。

4　sub ロケット( )と入力すれば自動的にEnd subが付加されます。その間にプログラムを書き込みます。subの次は半角スペースを空けて下さい。プログラムの名前は「ロケット」になります。

5　Editorを閉じる場合は右上の×印，または左端のExcelのアイコンをクリックします。

参考文献

1. 和達三樹著『理工系の数学入門コース1　微分積分』岩波書店
2. 戸田盛和・浅野功義共著『理工系の数学入門コース2　行列と1次変換』岩波書店
3. 矢嶋信男著『理工系の数学入門コース4　常微分方程式』岩波書店
4. 表実著『理工系の数学入門コース5　複素関数』岩波書店
5. 矢野健太郎・石原繁共著『科学技術者のための基礎数学』裳華房
6. 大石和男・丹生慶四郎共著『基礎の物理』裳華房
7. 江口弘文著『理工系の基礎知識』ソフトバンククリエイティブ
8. Chi-Tsong Chen『Linear System Theory and Design』Holt Saunders.
9. 江口弘文著『初めて学ぶPID制御の基礎』東京電機大学出版局
10. 江口弘文・大屋勝敬共著『初めて学ぶ現代制御の基礎』東京電機大学出版局
11. 『大学への数学1対1対応の演習数学Ⅰ，数学Ⅱ，数学Ⅲ』東京出版

練習問題解答

▶第 1 章

◆

(1)

$f(x) = x^3 - 2x^2 - x + 2$ とすれば $f(1)=0$, $f(-1)=0$, $f(2)=0$ になっています。したがって,

$$\frac{x^2 + 10x - 15}{x^3 - 2x^2 - x + 2} = \frac{a}{x-1} + \frac{b}{x+1} + \frac{c}{x-2}$$

と展開すれば,

$$\frac{a}{x-1} + \frac{b}{x+1} + \frac{c}{x-2} = \frac{a(x+1)(x-2) + b(x-1)(x-2) + c(x-1)(x+1)}{(x-1)(x+1)(x-2)}$$

$$= \frac{(a+b+c)x^2 - (a+3b)x - (2a-2b+c)}{x^3 - 2x^2 - x + 2}$$

$$\begin{cases} a+b+c=1 \\ a+3b=-10 \\ 2a-2b+c=15 \end{cases}$$

です。したがって, $a=2$, $b=-4$, $c=3$ となり, 以下となります。

$$\frac{x^2 + 10x - 15}{x^3 - 2x^2 - x + 2} = \frac{2}{x-1} - \frac{4}{x+1} + \frac{3}{x-2}$$

(2)

分母の $x^2 + x + 1 = 0$ は実数解を持ちませんから, 実数の範囲で部分分数に展開するときはそのままです。ただし分子が 1 次式になります。

$$\frac{1}{(x+1)^2 (x^2+x+1)} = \frac{a}{(x+1)^2} + \frac{b}{x+1} + \frac{cx+d}{x^2+x+1}$$

このとき,

$$\frac{a}{(x+1)^2} + \frac{b}{x+1} + \frac{cx+d}{x^2+x+1}$$

$$= \frac{a(x^2+x+1) + b(x+1)(x^2+x+1) + (cx+d)(x+1)^2}{(x+1)^2 (x^2+x+1)}$$

だから,

$$\begin{cases} b+c=0 \\ a+2b+2c+d=0 \\ a+2b+c+2d=0 \\ a+b+d=1 \end{cases}$$

です。したがって, $a=1$, $b=1$, $c=-1$, $d=-1$ となり, 次式となります。

$$\frac{1}{(x+1)^2(x^2+x+1)} = \frac{1}{(x+1)^2} + \frac{1}{x+1} - \frac{x+1}{x^2+x+1}$$

◆2

$1+i$ が解であれば $1-i$ も解になっています。残りの1つは実数解なので，これを α と置けば，
$$x^3+ax^2+bx+2 = (x-\alpha)\{x-(1+i)\}\{x-(1-i)\}$$
$$= (x-\alpha)(x^2-2x+2) = x^3-(\alpha+2)x^2+2(\alpha+1)x-2\alpha$$
$\alpha+2=-a$, $2(\alpha+1)=b$, $\alpha=-1$ なので $a=-1$, $b=0$ となります。

◆3

まず真数条件から $x>-1$, $y>-3$ です。第2式から，
$\log_2 \frac{x+1}{y+3} = -1$, $\frac{x+1}{y+3} = 2^{-1}$, $y+3=2(x+1)$, $y=2x-1$ です。
第1式に代入して $8 \cdot 3^x - 3^{2x-1} = -27$ $3^x = X$ と置くと $X^2 - 24X - 81 = 0$
$(X-27)(X+3)=0$, $X=-3$, 27 となり $X>0$ だから $x=3$, $y=5$ となります。
いずれも真数条件を満足しています。

◆4

$$\sin 2x = \frac{2\sin x \cos x}{1} = \frac{2\sin x \cos x}{\sin^2 x + \cos^2 x} = \frac{2\frac{\sin x}{\cos x}}{1+\frac{\sin^2 x}{\cos^2 x}} = \frac{2t}{1+t^2}$$

$$\cos 2x = \frac{\cos^2 x - \sin^2 x}{1} = \frac{\cos^2 x - \sin^2 x}{\cos^2 x + \sin^2 x} = \frac{1-\tan^2 x}{1+\tan^2 x} = \frac{1-t^2}{1+t^2}$$

◆5

$$\sin^2 x = \frac{1-\cos 2x}{2}, \quad \cos^2 x = \frac{1+\cos 2x}{2}, \quad \sin x \cos x = \frac{\sin 2x}{2}$$

を用いて1次式に変形し合成する。

$$f(x) = \frac{1-\cos 2x}{2} + 2\sqrt{3}\frac{\sin 2x}{2} - \frac{1+\cos 2x}{2} + 1$$
$$= \sqrt{3}\sin 2x - \cos 2x + 1 = \sqrt{4}\left(\frac{\sqrt{3}}{2}\sin 2x - \frac{1}{2}\cos 2x\right) + 1 = 2\sin\left(2x - \frac{\pi}{6}\right) + 1$$

$0 \le x \le \pi$ だから $-\frac{\pi}{6} \le 2x - \frac{\pi}{6} \le 2\pi - \frac{\pi}{6}$

したがって，$2x - \frac{\pi}{6} = \frac{\pi}{2}$ すなわち $x = \frac{1}{3}\pi$ のとき最大値 3

▶第 2 章

◆❶

$f(x) = -x^3 + 6x^2 - x + 1$ とおくと，$f'(x) = -3x^2 + 12x - 1$
極値をとる x の値は $f'(x) = 0$ から，

$$x = \frac{6 \pm \sqrt{33}}{3}$$ である。$\alpha = \frac{6 - \sqrt{33}}{3}$，$\beta = \frac{6 + \sqrt{33}}{3}$ とおけば，$0 < \alpha < 1$，$3 < \beta$ だから $-1 \leq x \leq 3$
を考えて，$x = \alpha$ で最小値をとり，最大値は $f(-1)$ と $f(3)$ の大きい方である（x^3 の係数が負の 3 次関数のグラフの形を考える）。なお，極値における $f(\alpha)$ の計算がそのままでは煩雑なので $f(x)$ を $f'(x)$ で割って余りを求める（$f'(\alpha) = 0$ を使う）。

$f(x) = f'(x)g(x) + h(x)$ と置けば，$h(x) = \dfrac{22x + 1}{3}$ で，極値では，$f(\alpha) = f'(\alpha)g(\alpha) + h(\alpha) = h(\alpha)$ だから（$f'(\alpha) = 0$），最小値は，

$$f\left(\frac{6 - \sqrt{33}}{3}\right) = h\left(\frac{6 - \sqrt{33}}{3}\right) = \frac{22}{3} \cdot \frac{6 - \sqrt{33}}{3} + \frac{1}{3} = \frac{135 - 22\sqrt{33}}{9}$$

また，最大値は $f(-1) = 9$，$f(3) = 25$ なので 25 となる。

◆❷

$f(x) = x^3 - 3ax^2 + 4a$ とおくと $f'(x) = 3x^2 - 6ax = 3x(x - 2a)$
$f(x)$ が 3 次式で $a > 0$ だから $x = 0$ で極大値，$x = 2a$ で極小値である。
$f(0) = 4a > 0$，$f(2a) = 8a^3 - 12a^3 + 4a = 4a(1 - a^2)$ だから，$a > 1$ のとき 3 個，$a = 1$ のとき 2 個，$0 < a < 1$ のとき 1 個。

◆❸

(1)

$x\sqrt{x-1} = (x-1)\sqrt{x-1} + \sqrt{x-1}$ と変形する。

$$\int_1^2 x\sqrt{x-1}\,dx = \int_1^2 (x-1)\sqrt{x-1}\,dx + \int_1^2 \sqrt{x-1}\,dx = \int_1^2 (x-1)^{\frac{3}{2}}\,dx + \int_1^2 (x-1)^{\frac{1}{2}}\,dx$$

$$= \frac{2}{5}\left[(x-1)^{\frac{5}{2}}\right]_1^2 + \frac{2}{3}\left[(x-1)^{\frac{3}{2}}\right]_1^2 = \frac{2}{5} + \frac{2}{3} = \frac{16}{15}$$

(2)

$$\int_{-1}^{1} \frac{e^x}{e^x + 1}\,dx = \int_{-1}^{1} \frac{(e^x + 1)'}{e^x + 1}\,dx = \left[\log_e(e^x + 1)\right]_{-1}^{1} = \log_e \frac{e + 1}{e^{-1} + 1} = \log_e e = 1$$

(3)

例題 2.44 の結果を使っても良い。ここでは別解を示す。

$x=\tan\theta$ $(0\leq\theta<\frac{\pi}{2})$ とおくと，$dx=\frac{1}{\cos^2\theta}d\theta$ となる．また，

$\sqrt{x^2+1}=\sqrt{\tan^2\theta+1}=\frac{1}{\cos\theta}$ （ただし $0\leq\theta<\frac{\pi}{2}$）．したがって $\int_0^1\frac{1}{\sqrt{x^2+1}}dx=\int_0^{\frac{\pi}{4}}\frac{\cos\theta}{\cos^2\theta}d\theta$

となる．ここで $\sin\theta=t$ と置けば，$\cos\theta\,d\theta=dt$ だから，

$\int_0^1\frac{1}{\sqrt{x^2+1}}dx=\int_0^{\frac{\pi}{4}}\frac{\cos\theta}{\cos^2\theta}d\theta=\int_0^{\frac{1}{\sqrt{2}}}\frac{1}{1-t^2}dt=\frac{1}{2}\int_0^{\frac{1}{\sqrt{2}}}\left\{\frac{1}{1-t}+\frac{1}{1+t}\right\}dt$

$=\frac{1}{2}\left[-\log_e(1-t)+\log_e(1+t)\right]_0^{\frac{1}{\sqrt{2}}}=\frac{1}{2}\left[\log_e\frac{1+t}{1-t}\right]_0^{\frac{1}{\sqrt{2}}}=\frac{1}{2}\log_e\frac{\sqrt{2}+1}{\sqrt{2}-1}$

$=\frac{1}{2}\log_e(\sqrt{2}+1)^2=\log_e(\sqrt{2}+1)$

(4)

$I=\int e^{-x}\sin x\,dx=e^{-x}\int\sin x\,dx-\int(-e^{-x})\int\sin x\,dx\,dx$

$=-e^{-x}\cos x-\int e^{-x}\cos x\,dx$

$=-e^{-x}\cos x-e^{-x}\int\cos x\,dx+\int(-e^{-x})\int\cos x\,dx\,dx$

$=-e^{-x}(\cos x+\sin x)-I$

したがって $I=-\frac{1}{2}e^{-x}(\cos x+\sin x)+c$ （c は積分定数）

(5)

$\tan\frac{x}{2}=t$ と置くと，

$\sin x=\frac{\sin x}{1}=\frac{2\sin\frac{x}{2}\cos\frac{x}{2}}{\sin^2\frac{x}{2}+\cos^2\frac{x}{2}}=\frac{2\tan\frac{x}{2}}{1+\tan^2\frac{x}{2}}=\frac{2t}{1+t^2}$

$\cos x=\frac{\cos x}{1}=\frac{\cos^2\frac{x}{2}-\sin^2\frac{x}{2}}{\sin^2\frac{x}{2}+\cos^2\frac{x}{2}}=\frac{1-\tan^2\frac{x}{2}}{1+\tan^2\frac{x}{2}}=\frac{1-t^2}{1+t^2}$

$\frac{dt}{dx}=\frac{1}{\cos^2\frac{x}{2}}\cdot\frac{1}{2}=\frac{1}{2}(1+t^2)$ となるので，$dx=\frac{2}{1+t^2}dt$ となる．

したがって，

$\int\frac{5}{3\sin x+4\cos x}dx=\int\frac{5}{\frac{6t}{1+t^2}+\frac{4(1-t^2)}{1+t^2}}\frac{2}{1+t^2}dt=\int\frac{5}{3t+2(1-t^2)}dt$

$$= \int \frac{-5}{2t^2-3t-2}dt = \int \frac{-5}{(2t+1)(t-2)}dt = \int \left(\frac{2}{2t+1} - \frac{1}{t-2}\right)dt$$
$$= \log_e|2t+1| - \log_e|t-2|$$

したがって,

$$\int \frac{5}{3\sin x + 4\cos x}dx = \log_e\left|\frac{2\tan\frac{x}{2}+1}{\tan\frac{x}{2}-2}\right| + c \quad (c \text{ は積分定数})$$

❹

円の中心に原点をとり,

$$x = r\cos\theta \ , \ y = r\sin\theta$$

とおけば,

$$x_G = \frac{\rho\iint xdxdy}{M} = \frac{\rho\int_b^a\int_0^{2\pi} r\cos\theta \cdot rdrd\theta}{M} = \frac{\rho\int_b^a r^2 dr \int_0^{2\pi}\cos\theta d\theta}{M} = 0 \ [\text{m}]$$

$$y_G = \frac{\rho\iint ydxdy}{M} = \frac{\rho\int_b^a\int_0^{2\pi} r\sin\theta \cdot rdrd\theta}{M} = \frac{\rho\int_b^a r^2 dr \int_0^{2\pi}\sin\theta d\theta}{M} = 0 \ [\text{m}]$$

❺

円柱座標を用いれば $y^2 + z^2 = r^2$ だから,

$$I_{xx} = \rho\int_{-\frac{l}{2}}^{\frac{l}{2}}dx\iint(y^2+z^2)dydz = \rho\int_{-\frac{l}{2}}^{\frac{l}{2}}dx\int_b^a r^3 dr\int_0^{2\pi}d\theta = \frac{1}{2}\rho\pi(a^4-b^4)l$$

$$M = \rho\pi(a^2-b^2)l \text{ だから } I_{xx} = \frac{1}{2}M(a^2+b^2) \ [\text{kgm}^2]$$

第3章

❶

この解は演算子法により $D^2 - D - 6 = (D-3)(D+2) = 0$ から得られます。
逆に $y = c_1 e^{-2t} + c_2 e^{3t}$ が解である証明は問題式に代入すれば良いのです。

$$y(t) = c_1 e^{-2t} + c_2 e^{3t}$$
$$y'(t) = -2c_1 e^{-2t} + 3c_2 e^{3t}$$
$$y''(t) = 4c_1 e^{-2t} + 9c_2 e^{3t}$$

を問題式に代入すれば,

$$(4c_1 + 2c_1 - 6c_1)e^{-2t} + (9c_2 - 3c_2 - 6c_2)e^{3t} = 0$$

であり,任意の c_1, c_2 の値に対して成立しています。

❷

$(1-y^2)dx = -xy\,dy$

$\dfrac{1}{x}dx = \dfrac{-y}{1-y^2}dy$

となってこれは変数分離形です。

$\log|x| = \dfrac{1}{2}\log|1-y^2| + c$

$\dfrac{x^2}{1-y^2} = e^{2c} = k,\ k > 0$

したがって,

$\dfrac{x^2}{k} + y^2 = 1$

です。これは楕円の方程式です。

❸

演算子法によれば $D^2 + 5D + 6 = (D+2)(D+3) = 0$ から同次解は,

$y(t) = c_1 e^{-2t} + c_2 e^{-3t}$

です。特解は,

$y(t) = Ate^{-2t} + Be^{3t}$

と置いて問題式に代入します。

$y'(t) = Ae^{-2t} - 2Ate^{-2t} + 3Be^{3t}$

$y''(t) = -4Ae^{-2t} + 4Ate^{-2t} + 9Be^{3t}$

ですから,

$-4A + 5A = 3$

$9B + 15B + 6B = 1$

から $A = 3,\ B = \dfrac{1}{30}$ です。したがって,一般解は,

$y(t) = c_1 e^{-2t} + c_2 e^{-3t} + 3te^{-2t} + \dfrac{1}{30}e^{3t}$ です。

❹

初期位置を原点とし,垂直下方に $z(t)$ を考えれば,$t=0$ での初期条件は $z(0)=0$,$z'(0)=0$ です。運動方程式は,

$m\dfrac{d^2 z(t)}{dt^2} + a\dfrac{dz(t)}{dt} = mg$

です。したがって,

$$\frac{d^2z(t)}{dt^2} + \frac{a}{m}\frac{dz(t)}{dt} = g$$

ここで表記を簡単にするために係数 $\frac{a}{m}$ を新しく k とおくと，

$$z''(t) + kz'(t) = g$$

です．これは線形定数形の微分方程式ですから演算子法によれば同次解は $D(D+k)=0$ から $D=0,\ -k$ だから，

$$z(t) = c_1 e^{0t} + c_2 e^{-kt} = c_1 + c_2 e^{-kt}$$

です．また特解の1つは，

$$z(t) = \frac{g}{k}t$$

が考えられますから，解は，

$$z(t) = c_1 + c_2 e^{-kt} + \frac{g}{k}t$$

です．初期条件 $z(0)=0$，$z'(0)=0$ を用いれば，

$$z(0) = c_1 + c_2 = 0$$

$$z'(0) = -c_2 k + \frac{g}{k} = 0$$

から，

$$c_1 = -\frac{g}{k^2},\quad c_2 = \frac{g}{k^2}$$

が得られます．したがって，k も置き戻せば，

$$z(t) = -\left(\frac{m}{a}\right)^2 g + \left(\frac{m}{a}\right)^2 g \cdot e^{-\frac{a}{m}t} + \frac{m}{a}gt$$

です．また，問題式に戻って，別解として，

$$\frac{dz(t)}{dt} = y(t)$$

と置けば，

$$\frac{dy(t)}{dt} + \frac{a}{m}y(t) = g$$

となり線形1次の微分方程式に変換されます．ここでは本文の公式を使えば，

$$y(t) = e^{-\int \frac{a}{m}dt}\left\{A + \int g e^{\int \frac{a}{m}dt}dt\right\} = e^{-\frac{a}{m}t}\left\{A + g\int e^{\frac{a}{m}t}dt\right\}$$

$$= e^{-\frac{a}{m}t}\left\{A + \frac{mg}{a}e^{\frac{a}{m}t}\right\} = Ae^{-\frac{a}{m}t} + \frac{mg}{a}$$

$t=0$ で $y(0) = z'(0) = 0$ を用いて，$A = -\frac{mg}{a}$ となる．したがって，

$$y(t) = \frac{mg}{a}\left(1 - e^{-\frac{a}{m}t}\right)$$

です。さらに直接積分して，

$$z(t) = \frac{mg}{a}\left(t + \frac{m}{a}e^{-\frac{a}{m}t}\right) + c$$

$t=0$ で $z(0)=0$ を用いて，$c = -\left(\frac{m}{a}\right)^2 g$ だから，

$$z(t) = -\left(\frac{m}{a}\right)^2 g + \left(\frac{m}{a}\right)^2 g \cdot e^{-\frac{a}{m}t} + \frac{m}{a}gt$$

◆ 5

問題図はコンデンサー C 〔F〕と抵抗 R 〔Ω〕を用いた RC 回路と呼ばれます。回路を流れる電流を $i(t)$ とすれば，

$$Ri(t) + \frac{1}{C}\int i(t)dt = e_i(t) \qquad ①$$

です。$e_o(t)$ はコンデンサーにかかる電圧だから，

$$e_o(t) = \frac{1}{C}\int i(t)dt \qquad ②$$

です。②式を微分すれば

$$i(t) = Ce'_o(t) \qquad ③$$

だから②式，③式を①式に代入すれば，

$$e'_o(t) + \frac{1}{RC}e_o(t) = \frac{e_i(t)}{RC}$$

です。ここで $R=10$ 〔Ω〕，$C=0.1$ 〔F〕を代入すれば，

$$e'_o(t) + e_o(t) = 1$$

です。同次解は $e_o(t) = ce^{-t}$ で1つの特解は $e_o(t) = 1$ だから，一般解は，$e_o(t) = ce^{-t} + 1$ です。ここで初期条件を用いれば，$c = -1$ だから，一般解は，$e_o(t) = 1 - e^{-t}$ です。

第 4 章

◆ 1

$$(\boldsymbol{ABC})^T = \{(\boldsymbol{AB})\boldsymbol{C}\}^T = \boldsymbol{C}^T(\boldsymbol{AB})^T = \boldsymbol{C}^T\boldsymbol{B}^T\boldsymbol{A}^T$$
$$(\boldsymbol{ABC})^T = \{\boldsymbol{A}(\boldsymbol{BC})\}^T = (\boldsymbol{BC})^T\boldsymbol{A}^T = \boldsymbol{C}^T\boldsymbol{B}^T\boldsymbol{A}^T$$

◆

(1)

$$|A|=-1 \ , \ \mathrm{adj}A=\begin{bmatrix} 5 & -2 & -3 \\ -3 & 1 & 2 \\ 0 & 0 & -1 \end{bmatrix}$$

$$A^{-1}=-1\begin{bmatrix} 5 & -2 & -3 \\ -3 & 1 & 2 \\ 0 & 0 & -1 \end{bmatrix}=\begin{bmatrix} -5 & 2 & 3 \\ 3 & -1 & -2 \\ 0 & 0 & 1 \end{bmatrix}$$

(2)

$$|A|=27 \ , \ \mathrm{adj}A=\begin{bmatrix} 3 & 6 & 6 \\ 6 & -6 & 3 \\ 6 & 3 & -6 \end{bmatrix}$$

$$A^{-1}=\frac{1}{27}\begin{bmatrix} 3 & 6 & 6 \\ 6 & -6 & 3 \\ 6 & 3 & -6 \end{bmatrix}=\begin{bmatrix} \frac{1}{9} & \frac{2}{9} & \frac{2}{9} \\ \frac{2}{9} & -\frac{2}{9} & \frac{1}{9} \\ \frac{2}{9} & \frac{1}{9} & -\frac{2}{9} \end{bmatrix}$$

◆

(1)

$f(\lambda)=(\lambda-2)(\lambda-3)=0$ から固有値は $\lambda=2,\ 3$ です。

$\lambda=2$ に対する固有ベクトルは, $v_{11}-2v_{12}=0$ から $\boldsymbol{v}_1=[2\ \ 1]^T$

$\lambda=3$ に対する固有ベクトルは, $v_{21}-v_{22}=0$ から $\boldsymbol{v}_2=[1\ \ 1]^T$ とすることができます。

(2)

$f(\lambda)=(\lambda+1)^2(\lambda-8)=0$ から固有値は $\lambda=-1,\ 8$ で $\lambda=-1$ は重解です。

$\lambda=8$ に対する固有ベクトルは,

$v_{11}-4v_{12}+v_{13}=0,\ 4v_{11}+2v_{12}-5v_{13}=0$ から $\boldsymbol{v}_1=[2\ \ 1\ \ 2]^T$

$\lambda=-1$ に対する固有ベクトルは, $2v_{21}+v_{22}+2v_{23}=0$ から, たとえば, $\boldsymbol{v}_2=[1\ \ 0\ \ -1]^T,\ \boldsymbol{v}_3=[1\ \ -4\ \ 1]^T$ とすることができます。

◆

(1)

$f(\lambda)=(\lambda-1)(\lambda+2)(\lambda-3)=0$ から固有値は $\lambda=1,\ -2,\ 3$

$\lambda=1$ に対する固有ベクトルは $\boldsymbol{v}_1=[1\ \ -1\ \ -1]^T$

$\lambda=-2$ に対する固有ベクトルは $\boldsymbol{v}_2=[11\ \ 1\ \ -14]^T$

$\lambda=3$ に対する固有ベクトルは $\boldsymbol{v}_3=[1\ \ 1\ \ 1]^T$

$$T^{-1}AT = \frac{1}{30}\begin{bmatrix} 15 & -25 & 10 \\ 0 & 2 & -2 \\ 15 & 3 & 12 \end{bmatrix}\begin{bmatrix} 2 & -2 & 3 \\ 1 & 1 & 1 \\ 1 & 3 & -1 \end{bmatrix}\begin{bmatrix} 1 & 11 & 1 \\ -1 & 1 & 1 \\ -1 & -14 & 1 \end{bmatrix} = \begin{bmatrix} 1 & 0 & 0 \\ 0 & -2 & 0 \\ 0 & 0 & 3 \end{bmatrix}$$

(2)
$f(\lambda) = (\lambda-1)^2(\lambda-3) = 0$ から固有値は $\lambda = 1, 3$ で $\lambda = 1$ は重解
$\lambda = 1$ に対する固有ベクトルは $\boldsymbol{v}_1 = [1 \ 1 \ 1]^T$ のみ。
そこで $(A-\lambda I)\boldsymbol{v}_2 = \boldsymbol{v}_1$ から $\boldsymbol{v}_2 = [0 \ 1 \ 2]^T$
$\lambda = 3$ に対する固有ベクトルは $\boldsymbol{v}_3 = [1 \ 3 \ 9]$

$$T^{-1}AT = \frac{1}{4}\begin{bmatrix} 3 & 2 & -1 \\ -6 & 8 & -2 \\ 1 & -2 & 1 \end{bmatrix}\begin{bmatrix} 0 & 1 & 0 \\ 0 & 0 & 1 \\ 3 & -7 & 5 \end{bmatrix}\begin{bmatrix} 1 & 0 & 1 \\ 1 & 1 & 3 \\ 1 & 2 & 9 \end{bmatrix} = \begin{bmatrix} 1 & 1 & 0 \\ 0 & 1 & 0 \\ 0 & 0 & 3 \end{bmatrix}$$

5

$(T^TA + AT)^T = (T^TA)^T + (AT)^T = A^TT + T^TA^T$。
ここで $A^T = A$ だから，$(T^TA + AT)^T = AT + T^TA = T^TA + AT$。
すなわち $T^TA + AT$ は対称行列です。
$(T^TAT)^T = T^TA^TT = T^TAT$。したがって T^TAT も対称行列です。

索 引

数字

1 次関数 ……………………… 15
1 次従属 ……………………… 152
1 次独立 ……………………… 152
1 次変換 ……………………… 144
2 項定理 ……………………… 59
2 次関数 ……………………… 15
3 次元極座標 ………………… 77
3 倍角の公式 ………………… 33

英字

Cayley-Hamilton の定理 …… 154
Euler 法 ……………………… 125
Excel VBA …………………… 127
Runge-Kutta 法 ……………… 125
SI 単位系 ……………………… 162

あ

圧力 …………………………… 169
位置 …………………………… 93
位置エネルギー ……………… 173
一般解 ………………………… 99
因数定理 ……………………… 5
因数分解 ……………………… 3
運動エネルギー ……………… 173
運動の法則 …………………… 93
運動量 ………………………… 167
運動量保存の法則 …………… 168
演算子法 ……………………… 99
円周率 ………………………… 2
オイラーの公式 ……………… 10
オイラー法 …………………… 125
応力 …………………………… 170

か

解析解 ………………………… 124
回転運動 ……………………… 165
解と係数の関係 ……………… 16
解の公式 ……………………… 15
角運動量 ……………………… 168
角加速度 ……………………… 165
角速度 ………………………… 165
加速度 ……………………… 93, 164
加法定理 ……………………… 33
関数方程式 …………………… 91
慣性の法則 …………………… 93
慣性モーメント …………… 84, 167
気体定数 ……………………… 172
基本単位 ……………………… 163
逆行列 ………………………… 150
逆三角関数 …………………… 30
強制項 ……………………… 99, 102
行ベクトル …………………… 141
行列 …………………………… 141
行列式 ………………………… 146
行列の差 ……………………… 141
行列の積 ……………………… 142
行列の和 ……………………… 141
極限 …………………………… 42
極座標形式 ………………… 10, 76
虚数単位 ……………………… 2
距離 …………………………… 164
近似線形化 …………………… 114
鎖の規則 ……………………… 53
組立単位 ……………………… 163
位 ……………………………… 152
ケーリー・ハミルトンの定理 …… 154

原始関数	61
交換可能	144
交代行列	146
恒等式	6
国際単位系	162
弧度法	28, 165
固有角周波数	124
固有周波数	124
固有多項式	154
固有値	153
固有ベクトル	154
固有方程式	154

さ

斉次方程式	99, 105
作用反作用の法則	93
三角関数	29
式の展開	3
仕事	172
仕事率	172
指数関数	20
自然数	1
自然対数	24
自然対数の底	2
重心位置	78
自由落下問題	117
ジュール	172
循環小数	1
小行列	147
常微分方程式	94
常用対数	24
ジョルダンの標準形	159
数学的帰納法	13
数値解	124

数値計算法	125
数列	41
正弦	29
正弦定理	35
正弦波	31
整数	1
正接	29
正則行列	151
正方行列	141
積分	61
積分定数	64
接頭辞	170
零行列	145
線形時変数系	105
線形定数系	99
線形微分方程式	95
相加平均	8
相乗平均	8
速度	93, 164

た

対角行列	145
対称行列	146
対数関数	24
対数微分	53
多重積分	73
たすきがけの方法	148
単位行列	145
単振動	123, 124
置換積分法	66
直線運動	164
直交	142
直交行列	151
直交座標形式	10

定数変化法	106
テイラー級数展開	58
テイラー展開	58
電気回路の問題	115
転置	142
転置行列	145
導関数	50
同次方程式	99, 105
特殊解（特解）	99
特性根	154
特性多項式	154
特性方程式	154
度数法	28, 165
ド・モアブルの定理	11
トルク	167
トレース	145

な

内積	142
ニュートン	166
熱系の問題	110
熱の仕事当量	173
ノルム	143

は

倍角の公式	33
半角の公式	34
万有引力係数	171
非線形微分方程式	95
ピタゴラスの定理	32
微分	48
微分方程式	91
複素数	2
複素平面	9
不定形	43
部分積分法	69
部分分数	7
分数	1
平均値の定理	57
平衡状態	114
並進運動	164
ベルヌーイの定理	174
変数分離形	96
偏微分方程式	94
方程式	91
放物運動	119

ま

マクローリン級数展開	58
マクローリン展開	58
無限小数	1

や

有限小数	1
有理数	1
余因子	146
余因子行列	149
余弦	29
余弦定理	35
余弦波	31

ら

力積	168
力積モーメント	169
流体系の問題	113
ルンゲ・クッタ法	125
列ベクトル	141
ロールの定理	57

ロケット……………………………… 121
ロピタルの定理…………………… 44, 60

わ

歪対称行列………………………… 146

〈著者紹介〉

江口弘文（えぐち・ひろふみ）

　学　歴　九州工業大学工学部制御工学科卒業（1967年）
　　　　　九州工業大学工学博士（1991年）
　職　歴　防衛庁技術研究本部第3研究所（1967年）
　　　　　九州共立大学工学部機械工学科教授（2003年）
　　　　　同退職（2011年）

よくわかる　機械数学

2013年2月20日　第1版1刷発行　　ISBN 978-4-501-41950-9 C3053
2024年12月20日　第1版2刷発行

著　者　江口弘文
　　　　©Eguchi Hirofumi 2013

発行所　学校法人　東京電機大学　〒120-8551　東京都足立区千住旭町5番
　　　　東京電機大学出版局　Tel. 03-5284-5386（営業）03-5284-5385（編集）
　　　　　　　　　　　　　　Fax. 03-5284-5387　振替口座 00160-5-71715
　　　　　　　　　　　　　　https://www.tdupress.jp/

[JCOPY]＜(一社)出版者著作権管理機構　委託出版物＞
本書の全部または一部を無断で複写複製（コピーおよび電子化を含む）することは，著作権法上での例外を除いて禁じられています。本書からの複製を希望される場合は，そのつど事前に(一社)出版者著作権管理機構の許諾を得てください。
また，本書を代行業者等の第三者に依頼してスキャンやデジタル化をすることはたとえ個人や家庭内での利用であっても，いっさい認められておりません。
［連絡先］Tel. 03-5244-5088，Fax. 03-5244-5089，E-mail: info@jcopy.or.jp

印刷：三美印刷(株)　　製本：渡辺製本(株)　　装丁：大貫伸樹
落丁・乱丁本はお取り替えいたします。　　　　　　　　Printed in Japan